环球网校

严格按照全新考试大纲编写

二级建造师执业资格考试

同步章节习题集

机电工程管理与实务

环球网校建造师考试研究院　主编

东南大学出版社
SOUTHEAST UNIVERSITY PRESS
·南京·

图书在版编目(CIP)数据

机电工程管理与实务 / 环球网校建造师考试研究院主编. -- 南京：东南大学出版社，2024.7

二级建造师执业资格考试同步章节习题集

ISBN 978-7-5766-0965-3

Ⅰ.①机… Ⅱ.①环… Ⅲ.①机电工程-工程管理-资格考试-习题集 Ⅳ.①TH-44

中国国家版本馆 CIP 数据核字(2023)第 216934 号

责任编辑：马伟　责任校对：韩小亮　封面设计：环球网校·志道文化　责任印制：周荣虎

机电工程管理与实务
Jidian Gongcheng Guanli yu Shiwu

主　　编：环球网校建造师考试研究院
出版发行：东南大学出版社
出 版 人：白云飞
社　　址：南京四牌楼 2 号　邮编：210096　电话：025-83793330
网　　址：http://www.seupress.com
电子邮件：press@seupress.com
经　　销：全国各地新华书店
印　　刷：三河市中晟雅豪印务有限公司
开　　本：787 mm×1092 mm　1/16
印　　张：11.5
字　　数：284 千字
版　　次：2024 年 7 月第 1 版
印　　次：2024 年 7 月第 1 次印刷
书　　号：ISBN 978-7-5766-0965-3
定　　价：49.00 元

本社图书若有印装质量问题，请直接与营销部联系。电话(传真)：025-83791830

环球君带你学机电

二级建造师执业资格考试实行全国统一大纲，各省、自治区、直辖市命题并组织的考试制度，分为综合科目和专业科目。综合考试涉及的主要内容是二级建造师在建设工程各专业施工管理实践中的通用知识，它在各个专业工程施工管理实践中具有一定普遍性，包括《建设工程施工管理》《建设工程法规及相关知识》2个科目，这2个科目为各专业考生统考科目。专业考试涉及的主要内容是二级建造师在专业工程施工管理实际工程中应该掌握和了解的专业知识，有较强的专业性，包括建筑工程、市政公用工程、机电工程、公路工程、水利水电工程等专业。

二级建造师《机电工程管理与实务》考试时间为150分钟，满分120分。试卷共有三道大题：单项选择题、多项选择题、实务操作和案例分析题。其中，单项选择题共20题，每题1分，每题的备选项中，只有1个最符合题意。多项选择题共10题，每题2分，每题的备选项中，有2个或2个以上符合题意，至少有1个错项。错选，本题不得分；少选，所选的每个选项得0.5分。实务操作和案例分析题共4题，每题20分。

做题对于高效复习、顺利通过考试极为重要。为帮助考生巩固知识、理顺思路，提高应试能力，环球网校建造师考试研究院依据二级建造师执业资格考试全新考试大纲，精心选择并剖析常考知识点，深入研究历年真题，倾心打造了这本同步章节习题集。环球网校建造师考试研究院建议您按照如下方法使用本书。

◇**学练结合，夯实基础**

环球网校建造师考试研究院依据全新考试大纲，按照知识点精心选编同步章节习题，并对习题进行了分类——标注"必会"的知识点及题目，需要考生重点掌握；标注"重要"的知识点及题目，需要考生会做并能运用；标注"了解"的知识点及题目，考生了解即可，不作为考试重点。建议考生制订适合自己的学习计划，学练结合，扎实备考。

◇**学思结合，融会贯通**

本书中的每道题目均是环球网校建造师考试研究院根据考试频率和知识点的考查方向精挑细选出来的。在复习备考过程中，建议考生勤于思考、善于总结，灵活运用所学知识，提升抽丝剥茧、融会贯通的能力。此外，建议考生对错题进行整理和分析，从每一道具体的错题入手，分析错误的知识原因、能力原因、解题习惯原因等，从而完善知识体系，达到高效备考的目的。

◇ **系统学习，高效备考**

在学习过程中，一方面要抓住关键知识点，提高做题正确率；另一方面要关注知识体系的构建。在掌握全书知识脉络后，一定要做套试卷进行模拟考试。考生还可以扫描目录中的二维码，进入二级建造师课程＋题库 App，随时随地移动学习海量课程和习题，全方位提升应试水平。

本套辅导用书在编写过程中，虽几经斟酌和校阅，仍难免有不足之处，恳请广大读者和考生予以批评指正。

相信本书可以帮助广大考生在短时间内熟悉出题"套路"、学会解题"思路"、找到破题"出路"。在二级建造师执业资格考试之路上，环球网校与您相伴，助您一次通关！

请大胆写出你的得分目标＿＿＿＿＿

环球网校建造师考试研究院

目 录

第一篇 机电工程技术

第一章 机电工程常用材料与设备/参考答案与解析 ……………………………………… 3/116
 第一节 机电工程常用材料/参考答案与解析 ……………………………………………… 3/116
 第二节 机电工程常用设备/参考答案与解析 ……………………………………………… 5/117

第二章 机电工程专业技术/参考答案与解析 …………………………………………… 7/118
 第一节 机电工程测量技术/参考答案与解析 ……………………………………………… 7/118
 第二节 机电工程起重技术/参考答案与解析 ……………………………………………… 8/119
 第三节 机电工程焊接技术/参考答案与解析 …………………………………………… 11/122

第三章 建筑机电工程施工技术/参考答案与解析 ……………………………………… 14/123
 第一节 建筑给水排水与供暖工程施工技术/参考答案与解析 ………………………… 14/123
 第二节 建筑电气工程施工技术/参考答案与解析 ……………………………………… 17/125
 第三节 通风与空调工程施工技术/参考答案与解析 …………………………………… 20/127
 第四节 智能化系统工程施工技术/参考答案与解析 …………………………………… 22/129
 第五节 电梯工程安装技术/参考答案与解析 …………………………………………… 23/130
 第六节 消防工程施工技术/参考答案与解析 …………………………………………… 25/131

第四章 工业机电工程安装技术/参考答案与解析 ……………………………………… 28/133
 第一节 机械设备安装技术/参考答案与解析 …………………………………………… 28/133
 第二节 工业管道施工技术/参考答案与解析 …………………………………………… 32/136
 第三节 电气装置安装技术/参考答案与解析 …………………………………………… 36/139
 第四节 自动化仪表工程安装技术/参考答案与解析 …………………………………… 41/143
 第五节 防腐蚀与绝热工程施工技术/参考答案与解析 ………………………………… 43/144
 第六节 石油化工设备安装技术/参考答案与解析 ……………………………………… 45/145
 第七节 发电设备安装技术/参考答案与解析 …………………………………………… 46/146
 第八节 冶炼设备安装技术/参考答案与解析 …………………………………………… 49/148

第二篇 机电工程相关法规与标准

第五章 相关法规/参考答案与解析 ……………………………………………………… 55/150
 第一节 计量的规定/参考答案与解析 …………………………………………………… 55/150
 第二节 建设用电及施工的规定/参考答案与解析 ……………………………………… 56/150
 第三节 特种设备的规定/参考答案与解析 ……………………………………………… 57/151

第六章 相关标准/参考答案与解析 ……………………………………………………… 58/151

第三篇 机电工程项目管理实务

第七章 机电工程企业资质与施工组织/参考答案与解析 ……………………………… 63/153

第八章	施工招标投标与合同管理/参考答案与解析	67/155
第九章	施工进度管理/参考答案与解析	71/158
第十章	施工质量管理/参考答案与解析	73/159
第十一章	施工成本管理/参考答案与解析	75/160
第十二章	施工安全管理/参考答案与解析	77/161
第十三章	绿色施工及现场环境管理/参考答案与解析	79/163
第十四章	机电工程施工资源与协调管理/参考答案与解析	81/163
第十五章	机电工程试运行及竣工验收管理/参考答案与解析	83/165
第十六章	机电工程运维与保修管理/参考答案与解析	85/166

第四篇 案例专题模块

模块一	施工进度管理/参考答案与解析	89/168
模块二	施工质量管理/参考答案与解析	97/169
模块三	合同与招投标管理/参考答案与解析	102/171
模块四	安全与环境管理/参考答案与解析	108/172
模块五	施工组织设计	111/173

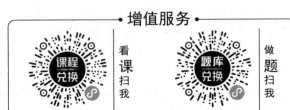

注：斜杠后的页码为对应的参考答案与解析，方便您更高效地使用本书。祝您顺利通关！

PART 1

第一篇
机电工程技术

学习计划:

扫码做题
熟能生巧

水滴石穿 非一日之功

第一章　机电工程常用材料与设备

第一节　机电工程常用材料

■ 知识脉络

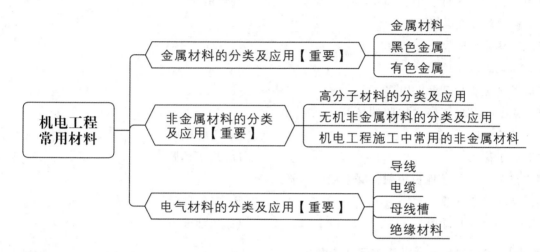

考点 1　金属材料的分类及应用【重要】

1. 【单选】黑色金属不包括（　　）。
   A. 纯铁　　　　　　　　　　　B. 钢
   C. 铸铁　　　　　　　　　　　D. 纯铝

2. 【多选】钢按化学成分分类，可分为（　　）。
   A. 非合金钢　　　　　　　　　B. 优质非合金钢
   C. 特殊质量非合金钢　　　　　D. 低合金钢
   E. 合金钢

3. 【单选】Q245 中的"Q"表示（　　）。
   A. 抗压强度　　　　　　　　　B. 屈服强度
   C. 抗拉强度　　　　　　　　　D. 抗弯强度

4. 【多选】下列属于有色金属的有（　　）。
   A. 铝　　　　　　　　　　　　B. 铁
   C. 锰　　　　　　　　　　　　D. 镁
   E. 铬

5. 【单选】对坯料采用穿孔针穿孔挤压，或将坯料镗孔后采用固定针穿孔挤压的管材是（　　）。
   A. 有缝管材　　　　　　　　　B. 无缝圆管
   C. 焊接管材　　　　　　　　　D. 轧制钢管

6. 【单选】下列不属于贵金属的是（　　）。
   A. 金 B. 银
   C. 铂 D. 镁

考点 2　非金属材料的分类及应用【重要】

1. 【单选】在建筑领域里用途广泛的通用塑料是（　　）。
   A. 聚乙烯 B. 聚丙烯
   C. 聚氯乙烯 D. 聚苯乙烯

2. 【单选】适用于低、中、高压洁净空调系统及潮湿环境的是（　　）。
   A. 玻璃纤维复合风管
   B. 酚醛复合风管
   C. 聚氨酯复合风管
   D. 硬聚氯乙烯风管

3. 【单选】下列属于特种橡胶的是（　　）。
   A. 丁苯橡胶 B. 丁腈橡胶
   C. 顺丁橡胶 D. 氯丁橡胶

4. 【单选】主要用于地板辐射供暖系统的盘管的是（　　）。
   A. 交联聚乙烯管 B. 塑复铜管
   C. 氯化聚氯乙烯管 D. 丁烯管

考点 3　电气材料的分类及应用【重要】

1. 【单选】（　　）用于各种电压等级的长距离输电线路，抗拉强度大。
   A. 铝绞线 B. 铜绞线
   C. 圆单线 D. 钢芯铝绞线

2. 【多选】电缆按用途分为（　　）。
   A. 电力电缆 B. 通信电缆
   C. 控制电缆 D. 信号电缆
   E. 阻燃电缆

3. 【单选】高层建筑的垂直输配电应选用（　　），可防止烟囱效应。
   A. 空气型母线槽 B. 高强度母线槽
   C. 紧密型母线槽 D. 耐火型母线槽

4. 【单选】（　　）用于敷设在电缆沟、直埋地等能承受较大机械外力的场所。
   A. KVVRP B. KVVR
   C. KVVP D. KVV_{22}

5. 【多选】下列属于无机绝缘材料的有（　　）。
   A. 云母 B. 石棉
   C. 橡胶 D. 树脂
   E. 硫黄

第二节　机电工程常用设备

■ 知识脉络

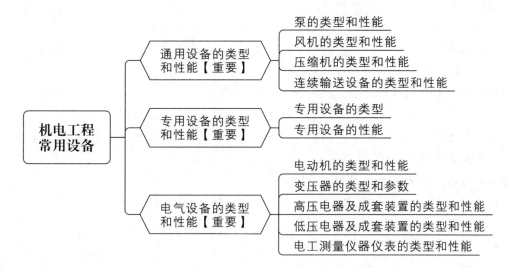

考点 1　通用设备的类型和性能【重要】

1.【单选】一幢30层（98m高）的高层建筑，其消防水泵的扬程应在（　　）以上。
   A. 100m　　　　　　　　　　　B. 110m
   C. 120m　　　　　　　　　　　D. 130m

2.【多选】压缩机的性能参数主要包括（　　）。
   A. 容积　　　　　　　　　　　B. 噪声
   C. 静压　　　　　　　　　　　D. 流量
   E. 动压

3.【多选】具有挠性牵引件的输送设备的有（　　）。
   A. 带式输送机　　　　　　　　B. 架空索道
   C. 振动输送机　　　　　　　　D. 螺旋输送机
   E. 刮板式输送机

考点 2　专用设备的类型和性能【重要】

1.【单选】下列石化设备中，属于分离设备的是（　　）。
   A. 反应釜　　　　　　　　　　B. 分解锅
   C. 蒸发器　　　　　　　　　　D. 缓冲器

2.【单选】常规岛设备属于（　　）。
   A. 核电设备
   B. 火力发电设备
   C. 风力发电设备
   D. 光伏发电设备

考点 3　电气设备的类型和性能【重要】

1. 【单选】启动转矩大，制动性能好，并可平滑调速的电动机是（　　）。
   A. 直流电动机　　　　　　　　　　　B. 永磁同步电动机
   C. 三相异频电动机　　　　　　　　　D. 单相异步电动机

2. 【多选】异步电动机突出的优点有（　　）。
   A. 启动性能好　　　　　　　　　　　B. 制造容易
   C. 价格低廉　　　　　　　　　　　　D. 功率因数高
   E. 维护方便

3. 【多选】变压器按其冷却介质分类可分为（　　）。
   A. 升压变压器　　　　　　　　　　　B. 降压变压器
   C. 充气式变压器　　　　　　　　　　D. 干式变压器
   E. 油浸式变压器

4. 【多选】变压器的主要技术参数有（　　）。
   A. 额定电压　　　　　　　　　　　　B. 短路阻抗
   C. 空载电流　　　　　　　　　　　　D. 短路损耗
   E. 额定电阻

5. 【单选】低压电器及成套装置的性能不包括（　　）。
   A. 通断　　　　　　　　　　　　　　B. 保护
   C. 控制　　　　　　　　　　　　　　D. 变压

第二章 机电工程专业技术

第一节 机电工程测量技术

知识脉络

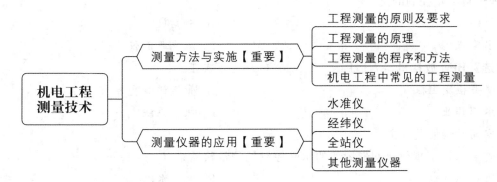

考点 1 测量方法与实施【重要】

1. 【单选】有关基准线测量原理说法，不正确的是（　　）。
   A. 平面安装基准线不少于纵、横两条
   B. 只要定出两个基准中心点，就构成一条基准线
   C. 相邻安装基准点高差应在 5mm 以内
   D. 沉降观测采用二等水准测量方法

2. 【单选】在工程测量的基本程序中，设置纵横中心线的紧后工序为（　　）。
   A. 设置标高基准点　　　　　　　　　B. 设置沉降观测点
   C. 安装过程测量控制　　　　　　　　D. 实测记录

3. 【多选】有关高程控制测量说法，正确的有（　　）。
   A. 测区的高程系统，宜采用国家高程基准
   B. 高程测量常用解析法
   C. 一个测区及其周围至少应有三个水准点
   D. 高程控制测量等级划分为五个级别
   E. 设备安装过程中最好使用一个水准点作为高程起算点

4. 【单选】关于连续生产设备安装的测量，下列说法中不正确的是（　　）。
   A. 中心标板可在浇灌基础时，配合土建埋设
   B. 设备安装平面线不少于三条
   C. 独立设备安装的基准点采用简单的标高基准点
   D. 连续生产设备只能共用一条纵向基准线和一个预埋标高基准点

5. 【多选】大跨越档距测量，一般采用（　　）进行测量。
   A. 十字线法　　　　　　　　　　　　B. 平行基线法

C. 电磁波测距法   D. 激光仪测量法
E. 解析法

考点 2 测量仪器的应用【重要】

1. 【单选】（　　）是测量两点间高差的仪器，广泛用于控制、地形和施工放样等测量工作。
   A. 经纬仪   B. 全站仪
   C. 水准仪   D. 激光平面仪

2. 【单选】在机电安装工程中，用于测量纵向、横向中心线，建立安装测量控制网并在安装全过程进行测量控制的是（　　）。
   A. 经纬仪   B. 全站仪
   C. 水准仪   D. 激光平面仪

3. 【多选】BIM 放样机器人适用于（　　）的环境下施工。
   A. 矿井检测勘探   B. 管线错综复杂
   C. 水下作业   D. 机电系统众多
   E. 空间结构繁复多变

4. 【单选】适用于现代化网形屋架的水平控制的测量仪器是（　　）。
   A. 激光准直仪   B. 激光水准仪
   C. 激光平面仪   D. 激光指向仪

5. 【多选】用于沟渠、隧道或管道施工的测量仪器有（　　）。
   A. 光学经纬仪   B. 激光准直仪
   C. 激光水准仪   D. 激光指向仪
   E. 激光平面仪

第二节 机电工程起重技术

知识脉络

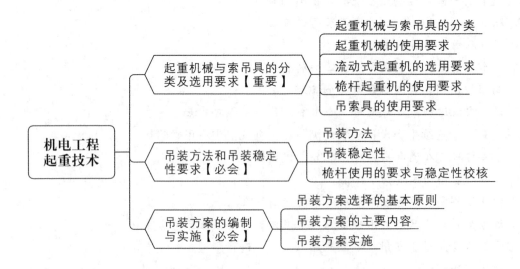

考点 1　起重机械与索吊具的分类及选用要求【重要】

1. 【单选】下列起重机中,属于轻小型起重设备的是(　　)。
   A. 起重行车　　　　　　　　　　B. 起重葫芦
   C. 门式起重机　　　　　　　　　D. 塔式起重机

2. 【多选】机电安装工程中,常用的桥架式起重机包括(　　)。
   A. 门式起重机　　　　　　　　　B. 梁式起重机
   C. 桥式起重机　　　　　　　　　D. 塔式起重机
   E. 履带式起重机

3. 【单选】缆风绳是桅杆式起重机的稳定系统,缆风绳与地面的夹角应在(　　)之间。
   A. 20°～30°　　　　　　　　　　B. 30°～45°
   C. 20°～40°　　　　　　　　　　D. 25°～35°

4. 【多选】桅杆式起重机由(　　)组成。
   A. 桅杆本体　　　　　　　　　　B. 动力-起升系统
   C. 稳定系统　　　　　　　　　　D. 传动系统
   E. 控制系统

5. 【多选】关于卷扬机的使用要求,正确的有(　　)。
   A. 在重大的吊装作业中,在牵引绳上应装设测力计
   B. 可用地锚、建筑物基础和重物施压等为锚固点
   C. 卷扬机固定后,应按其使用负荷进行预拉
   D. 由卷筒到第一个导向滑车的水平直线距离应大于卷筒长度的 15 倍
   E. 余留在卷筒上的钢丝绳不应少于 4 圈

6. 【多选】起重机选用的基本参数主要有(　　)。
   A. 吊装载荷　　　　　　　　　　B. 额定起重量
   C. 最大幅度　　　　　　　　　　D. 最大起升高度
   E. 工作速度

7. 【多选】反映流动式起重机的起重能力、最大起升高度随(　　)变化而变化的规律的曲线称为起重机的特性曲线。
   A. 臂长　　　　　　　　　　　　B. 额定起重量
   C. 回转速度　　　　　　　　　　D. 幅度
   E. 吊车站位

8. 【单选】在流动式起重机吊装重物前必须对其工作位置的地基进行处理,处理后按规定对地面进行(　　)。
   A. 加固处理　　　　　　　　　　B. 钻孔试验
   C. 耐压力测试　　　　　　　　　D. 设计强度校核

9. 【多选】关于桅杆式起重机的使用要求的说法,正确的有(　　)。
   A. 桅杆使用应具备质量和安全合格的文件
   B. 桅杆的直线度偏差不应大于长度的 2/1000
   C. 桅杆总长偏差不应大于 20mm

D. 拧紧螺栓时应顺次进行

E. 螺栓拧紧后螺杆露出 3～5 个螺距

10. 【单选】关于起重卸扣的使用要求，下列说法错误的是（ ）。

   A. 按额定负荷标记选用

   B. 无标记的不得使用

   C. 可用焊接的方法修补

   D. 永久变形后应报废

考点 2 吊装方法和吊装稳定性要求【必会】

1. 【多选】下列构件或结构中，适合采用缆索系统吊装的有（ ）。

   A. 屋盖　　　　　　　　　　B. 网架

   C. 天桥　　　　　　　　　　D. 桥梁建造

   E. 电视塔顶设备

2. 【单选】网架吊装时，验算载荷应包括吊装阶段结构自重和各种施工载荷，还需要乘以动力系数，采用拔杆吊装的动力系数为（ ）。

   A. 1.1　　　　　　　　　　B. 1.2

   C. 1.3　　　　　　　　　　D. 1.4

3. 【单选】（ ）可以承受较大的拉力，适合于重型吊装。

   A. 全埋式地锚　　　　　　　B. 半埋式地锚

   C. 活动式地锚　　　　　　　D. 利用建筑物

4. 【单选】吊装系统失稳的主要原因不包括（ ）。

   A. 多机吊装的不同步

   B. 设计与吊装时受力不一致

   C. 桅杆系统缆风绳、地锚失稳

   D. 不同起重能力的多机吊装荷载分配不均

5. 【单选】下列关于桅杆的设置要求，正确的是（ ）。

   A. 桅杆组装的直线度应小于其长度的 1/100 且总偏差不应超过 20mm

   B. 采用倾斜桅杆吊装设备时，其倾斜角不得超过 25°

   C. 吊具共同作用于一个吊点时，应加平衡装置并进行平衡监测

   D. 吊装过程中，应对桅杆结构的倾斜度进行监测

6. 【多选】起重机械失稳的主要原因包括（ ）。

   A. 机械故障　　　　　　　　B. 超载

   C. 地锚失稳　　　　　　　　D. 支腿不稳定

   E. 桅杆系统缆风绳失稳

7. 【多选】吊装设备或构件的失稳的预防措施主要有（ ）。

   A. 对于细长、大面积设备或构件采用多吊点吊装

   B. 薄壁设备进行加固加强

   C. 对薄弱部位或杆件进行加固

   D. 多机吊装时通过主副指挥来实现多机吊装的同步

E. 打好支腿并用道木和钢板垫实和加固，确保支腿稳定

8.【多选】有关缆风绳的设置要求，正确的有（　　）。
   A. 直立单桅杆顶部缆风绳的设置宜为6~8根
   B. 缆风绳与地面的夹角宜为45°
   C. 倾斜桅杆相邻缆风绳之间的水平夹角不得大于60°
   D. 缆风绳应设置防止滑车受力后产生倾斜的设施
   E. 需要移动的桅杆应设置备用缆风绳

考点 3　吊装方案的编制与实施【必会】

1.【多选】起重吊装工程中属于超过一定规模的危险性较大的分部分项工程有（　　）。
   A. 搭设总高度200m及以上的起重机械安装工程
   B. 采用非常规起重设备、方法且单件起吊重量在100kN及以上的起重吊装工程
   C. 采用起重机械进行且起重量在400kN及以上的设备吊装工程
   D. 起重机械安装和拆卸工程
   E. 起重量300kN及以上的起重机械拆卸工程

2.【多选】危大工程实行分包并由分包单位编制专项施工方案的，专项施工方案实施前应经（　　）签字确认。
   A. 总承包单位项目技术负责人　　　　B. 分包单位技术负责人
   C. 总承包单位技术负责人　　　　　　D. 建设单位项目技术负责人
   E. 设计单位项目负责人

3.【单选】吊装工程专项方案专家论证会应由（　　）组织召开。
   A. 建设单位　　　　　　　　　　　　B. 设计单位
   C. 监理单位　　　　　　　　　　　　D. 施工总承包单位

第三节　机电工程焊接技术

■ 知识脉络

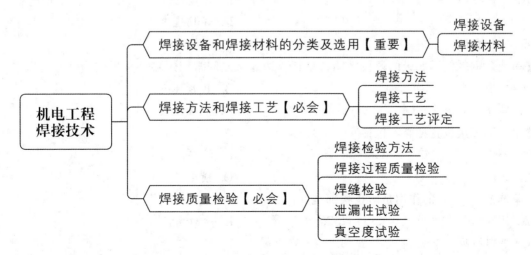

考点 1　焊接设备和焊接材料的分类及选用【重要】

1. 【单选】焊接接触腐蚀介质的焊件，根据介质特征，选用（　　）。
   A. 低氢型焊条　　　　　　　　　　　B. 酸性焊条
   C. 不锈钢焊条　　　　　　　　　　　D. 碱性焊条

2. 【单选】焊条的选用原则不包括（　　）。
   A. 焊缝金属的机械性能和物理成分匹配原则
   B. 保证焊接构件的使用性能和工作条件原则
   C. 具有焊接工艺可操作性原则
   D. 提高生产率和降低成本原则

3. 【单选】下列气体中，不可以作为焊接切割用气体的是（　　）。
   A. O_2　　　　　　　　　　　　　　B. CO_2
   C. 乙炔　　　　　　　　　　　　　　D. 天然气

4. 【多选】焊接时，可用作焊接保护气体的有（　　）。
   A. 丙烷　　　　　　　　　　　　　　B. 氧气
   C. 乙炔　　　　　　　　　　　　　　D. 氩气
   E. 二氧化碳

5. 【多选】结构形状复杂和刚性大的厚大焊件焊接，选择的焊条应具备的特性包括（　　）。
   A. 抗裂性好　　　　　　　　　　　　B. 强度高
   C. 刚性强　　　　　　　　　　　　　D. 韧性好
   E. 塑性高

考点 2　焊接方法和焊接工艺【必会】

1. 【多选】焊接时，为保证焊接质量而选定的各项参数包括（　　）。
   A. 焊条牌号　　　　　　　　　　　　B. 焊接电流
   C. 焊接速度　　　　　　　　　　　　D. 焊件的坡口形式
   E. 焊接线能量

2. 【多选】下列参数中，影响焊条电弧焊焊接线能量大小的有（　　）。
   A. 焊机功率　　　　　　　　　　　　B. 焊接电流
   C. 电弧电压　　　　　　　　　　　　D. 焊接速度
   E. 焊条直径

3. 【单选】钢制储罐底板的幅板之间、幅板与边缘板之间常用焊接接头形式为（　　）。
   A. 对接接头　　　　　　　　　　　　B. T形接头
   C. 搭接接头　　　　　　　　　　　　D. 角接接头

4. 【单选】焊接位置种类不包括（　　）。
   A. 平焊　　　　　　　　　　　　　　B. 侧焊
   C. 立焊　　　　　　　　　　　　　　D. 横焊

5. 【单选】（　　）的作用是防止根部烧穿。
   A. 钝边　　　　　　　　　　　　　　B. 坡口角度
   C. 根部间隙　　　　　　　　　　　　D. 坡口面角度

6. 【单选】锅炉受压元件安装前,应制定焊接工艺评定作业指导书,并进行焊接工艺评定。焊接工艺评定合格后,应编制用于施工的（　　）。
   A. 实际焊接条件　　　　　　　　　B. 焊接试验方法
   C. 焊接作业指导书　　　　　　　　D. 预焊接工艺规程

7. 【多选】对接焊缝形状尺寸包括（　　）。
   A. 焊缝长度　　　　　　　　　　　B. 焊脚尺寸
   C. 焊缝宽度　　　　　　　　　　　D. 焊缝余高
   E. 焊缝凹度

8. 【单选】钢结构工程焊接难度的影响因素不包括（　　）。
   A. 焊缝形式　　　　　　　　　　　B. 钢材分类
   C. 受力状态　　　　　　　　　　　D. 钢材碳当量

9. 【单选】下列关于钨极惰性气体保护焊自有特点,说法错误的是（　　）。
   A. 焊接工艺适用性强,几乎可以焊接所有的金属材料
   B. 电弧热量集中,热影响区窄
   C. 焊接过程不产生熔渣
   D. 机动性和灵活性好

10. 【单选】为验证所拟定的焊接工艺正确性而进行的试验过程及结果评价是（　　）。
    A. 焊接作业卡　　　　　　　　　　B. 焊接工艺评定
    C. 焊接质量证明文件　　　　　　　D. 焊接作业规程

考点 3　焊接质量检验【必会】

1. 【多选】焊缝内部无损检测方法包括（　　）。
   A. 磁粉检测　　　　　　　　　　　B. 渗透检测
   C. 射线检测　　　　　　　　　　　D. 超声检测
   E. 涡流检测

2. 【单选】焊缝允许存在的其他缺陷情况是（　　）。
   A. 裂纹　　　　　　　　　　　　　B. 未焊透
   C. 表面气孔　　　　　　　　　　　D. 咬边

3. 【多选】焊缝的非破坏性检验包括（　　）。
   A. 外观检验　　　　　　　　　　　B. 无损检测
   C. 力学性能试验　　　　　　　　　D. 泄漏试验
   E. 化学分析试验

第三章　建筑机电工程施工技术

第一节　建筑给水排水与供暖工程施工技术

■ 知识脉络

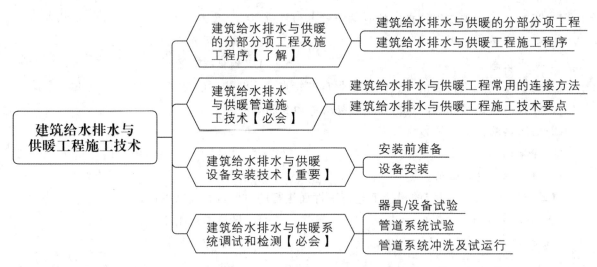

考点 1　建筑给水排水与供暖的分部分项工程及施工程序【了解】

1. 【单选】动设备施工程序中设备安装就位的紧后工作为（　　）。
   A. 单机调试　　　　　　　　B. 设备开箱验收
   C. 设备找平找正　　　　　　D. 二次灌浆

2. 【单选】下列关于静设备施工程序的说法，正确的是（　　）。
   A. 基础验收→设备找平找正→设备安装就位
   B. 施工准备→基础验收→设备开箱验收
   C. 设备找平找正→二次灌浆→设备压力试验
   D. 设备安装就位→二次灌浆→设备找平找正

3. 【单选】高层建筑室内热水系统施工程序中，管道支架安装的紧后工序是（　　）。
   A. 管道测绘放线
   B. 管道及器具安装
   C. 管道加工预制
   D. 管道元件安装

4. 【单选】室外给水管网施工程序中，管道加工预制的紧前工作是（　　）。
   A. 配合土建预留、预埋
   B. 管道测绘放线
   C. 管道沟槽开挖
   D. 管道安装

5. 【单选】监测与控制仪表施工程序中，监测与控制仪表鉴定校准后应进行的工作是（　　）。

   A. 施工准备

   B. 监测与控制仪表验收

   C. 监测与控制仪表安装

   D. 试运行

考点 2　建筑给水排水与供暖管道施工技术【必会】

1. 【多选】高层建筑铜制给水管道的连接方式可采用（　　）。

   A. 专用接头　　　　　　　　　B. 热熔连接

   C. 粘结接口　　　　　　　　　D. 焊接连接

   E. 法兰连接

2. 【单选】高层建筑管道的法兰连接一般在主管管道等处，以及需要经常拆卸、检修的管段上，其中不包括（　　）。

   A. 直径较小的管道

   B. 主干道连接阀门

   C. 水表

   D. 水泵

3. 【多选】高层建筑管道的连接方式有（　　）。

   A. 螺纹连接

   B. 法兰连接

   C. 胶水连接

   D. 焊接连接

   E. 热熔连接

4. 【多选】关于高层建筑管道常用的连接方法，下列说法中正确的有（　　）。

   A. 钢塑复合管一般采用法兰连接

   B. 焊接适用于非镀锌钢管，多用于暗装管道和直径较大的管道

   C. 镀锌钢管如用焊接或法兰连接，焊接处应进行二次镀锌或防腐

   D. PP-R 管通常采用承插连接

   E. 沟槽式连接可用于空调冷热水系统直径大于或等于 100mm 的不锈钢管

5. 【单选】水平管道金属保护层的环向接缝应（　　）。

   A. 上搭下　　　　　　　　　　B. 下搭上

   C. 顺水搭接　　　　　　　　　D. 逆水搭接

6. 【多选】民用建筑的排水通气管安装要求有（　　）。

   A. 通气管不得与烟道连接

   B. 通气管可与风道连接

   C. 通气管应高出屋面 600mm

   D. 通气管应高出屋顶门窗 300mm

   E. 在有人停留的平屋顶上通气管应高出屋面 2m

7. 【单选】冷、热水管道上下平行安装时热水管道应在冷水管道（　　）方，垂直安装时热水

管道在冷水管道（　　）侧。
A. 上、右 B. 上、左
C. 下、右 D. 下、左

8. 【单选】阀门安装前，应按国家现行相关标准要求进行强度和严密性试验，试验应在每批（同牌号、同型号、同规格）数量中抽查（　　），且不少于1个。
A. 5% B. 10%
C. 15% D. 20%

9. 【多选】安装在主干管上起切断作用的闭路阀门，应逐个做（　　）。
A. 严密性试验 B. 强度试验
C. 通水试验 D. 灌水试验
E. 通球试验

10. 【单选】地下室或地下构筑物外墙有管道穿过的，应采取（　　）。
A. 防潮措施
B. 保温措施
C. 防水措施
D. 防爆措施

11. 【单选】下列选项中不是管道的防腐方法的是（　　）。
A. 涂漆 B. 衬里
C. 静电保护 D. 加热保护

考点 3　建筑给水排水与供暖设备安装技术【重要】

【单选】散热器背面与装饰后的墙内表面安装距离，如设计未注明，应为（　　）。
A. 30mm B. 20mm
C. 40mm D. 50mm

考点 4　建筑给水排水与供暖系统调试和检测【必会】

1. 【单选】建筑供暖管道冲洗完毕后应（　　）、加热，进行试运行和调试。
A. 充水 B. 试压
C. 保温 D. 防腐

2. 【单选】供暖分汽缸（分水器、集水器）安装前应进行水压试验，试验压力为工作压力的（　　）倍。
A. 1.5 B. 1.2
C. 1.15 D. 2

3. 【单选】关于供暖系统水压试验的说法，不正确的是（　　）。
A. 蒸汽、热水供暖系统，应以系统顶点工作压力加0.1MPa做水压试验
B. 高温热水供暖系统，试验压力应为系统顶点工作压力加0.4MPa
C. 塑料管及复合管的热水供暖系统，应以系统顶点工作压力加0.2MPa做水压试验
D. 使用塑料管的供暖系统应在试验压力下10min内压力降不大于0.02MPa

第二节 建筑电气工程施工技术

■ 知识脉络

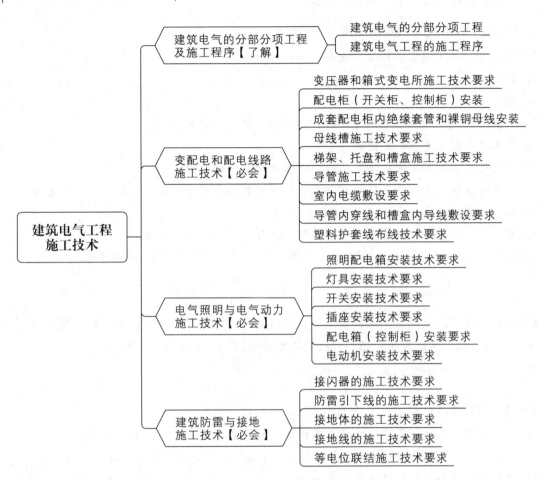

考点 1 建筑电气的分部分项工程及施工程序【了解】

1. 【单选】配电柜的安装程序中，柜体固定的紧后工序是（ ）。
   A. 开箱检查   B. 母线连接
   C. 二次线路连接   D. 试验调整

2. 【单选】下列干式变压器施工程序中，正确的是（ ）。
   A. 开箱检查→变压器本体安装→变压器二次搬运
   B. 变压器二次搬运→开箱检查→变压器本体安装
   C. 附件安装→变压器交接试验→送电前检查
   D. 变压器交接试验→附件安装→送电前检查

3. 【单选】照明灯具施工程序中，灯具安装接线的紧后工序是（ ）。
   A. 导线并头   B. 绝缘测试
   C. 送电前检查   D. 灯管安装

4. 【单选】关于建筑防雷接地施工程序的说法，正确的是（　　）。
   A. 接地干线施工→引下线敷设→均压环施工
   B. 接地干线施工→均压环施工→引下线敷设
   C. 均压环施工→引下线敷设→接闪带
   D. 引下线敷设→接闪带→均压环施工

考点 2　变配电和配电线路施工技术【必会】

1. 【单选】干式变压器紧固件及防松零件抽查（　　）。
   A. 2%　　　　　　　　　　　　B. 5%
   C. 10%　　　　　　　　　　　 D. 20%

2. 【多选】下列关于变配电安装施工技术要求的说法，错误的有（　　）。
   A. 变压器安装应采取抗震措施
   B. 箱式变电所及其落地式配电箱的基础应低于室外地坪
   C. 变压器箱体、干式变压器的支架、基础型钢及外壳应分别单独与保护导体可靠连接
   D. 配电柜安装垂直度允许偏差为 1.5‰
   E. 开关柜、配电柜的金属框架及基础型钢应与保护导体可靠连接

3. 【单选】用 1000V 兆欧表测量每节母线槽的绝缘电阻，绝缘电阻值不得小于（　　）MΩ。
   A. 15　　　　　　　　　　　　B. 20
   C. 25　　　　　　　　　　　　D. 30

4. 【单选】母线槽通电前，母线槽的金属外壳应与外部保护导体完成连接，且母线绝缘电阻测试和交流工频耐压试验应合格，母线槽绝缘电阻值不应小于（　　）MΩ。
   A. 1.5　　　　　　　　　　　 B. 1
   C. 0.5　　　　　　　　　　　 D. 1.8

5. 【单选】下列关于母线槽施工技术要求的说法，错误的是（　　）。
   A. 母线槽水平安装时每节母线槽应不少于 1 个支架
   B. 室内配电母线槽的圆钢吊架直径不得小于 8mm
   C. 每节母线槽的绝缘电阻不得小于 15MΩ
   D. 室内照明母线槽的圆钢吊架直径不得小于 6mm

6. 【单选】下列关于配电柜内接线的说法，错误的是（　　）。
   A. 柜门和金属框架的接地应选用截面积不小于 $4mm^2$ 的绝缘铜芯软导线连接
   B. 电流回路中铜芯电缆的导体截面积不应小于 $2.5mm^2$
   C. 低压成套配电柜线路的线间和线对地间绝缘电阻值，一次线路不应小于 0.5MΩ
   D. 高、低压成套配电柜试运行后进行交接试验

7. 【单选】槽盒内的绝缘导线总截面积（包括外护套）不应超过槽盒内截面积的（　　）。
   A. 20%　　　　　　　　　　　 B. 30%
   C. 40%　　　　　　　　　　　 D. 60%

考点 3　电气照明与电气动力施工技术【必会】

1. 【多选】照明配电箱的安装技术要求有（　　）。
   A. 照明配电箱垂直度允许偏差不应大于1.5‰
   B. 照明配电箱内应分别设置中性导体和保护接地导体汇流排
   C. 照明配电箱不应设置在水管的正下方
   D. 同一电器器件接线端子上的导线连接不应多于3根
   E. 照明配电箱的箱体及内部绝缘隔板应采用不燃材料制作

2. 【单选】符合灯具安装技术要求的是（　　）。
   A. 在砌体上使用尼龙塞固定
   B. Ⅰ类灯具的金属外壳应采用铝导线与保护导体可靠连接
   C. 悬吊灯具超过3kg，应采取预埋吊钩或螺栓固定
   D. 质量为12kg的灯具应按灯具重量的2倍进行试验

3. 【多选】插座安装技术要求有（　　）。
   A. 插座宜由单独的回路配电
   B. 一个房间内的插座宜由同一回路配电
   C. 单相三孔插座，上孔应与保护接地线连接
   D. 相线与中性线利用插座本体的接线端子转接供电
   E. 保护接地线在插座之间串联连接

4. 【单选】关于电动机安装要求，错误的是（　　）。
   A. 电动机应与所驱动的机械分别安装固定在不同框架上
   B. 电动机外露可导电部分必须与保护导体可靠连接
   C. 低压电动机的绝缘电阻值不应小于0.5MΩ
   D. 防水防潮电动机的接线入口及接线盒盖等应做密封处理

考点 4　建筑防雷与接地施工技术【必会】

1. 【多选】垂直埋设的金属接地体一般采用（　　）等。
   A. 镀锌角钢
   B. 镀锌钢管
   C. 镀锌圆钢
   D. 镀锌扁钢
   E. 镀锌槽钢

2. 【多选】接闪带的搭接长度规定有（　　）。
   A. 扁钢之间搭接为扁钢宽度的1倍
   B. 扁钢之间搭接为扁钢宽度的2倍
   C. 圆钢之间搭接为圆钢直径的4倍
   D. 圆钢之间搭接为圆钢直径的6倍
   E. 圆钢与扁钢搭接为圆钢直径的3倍

第三节 通风与空调工程施工技术

知识脉络

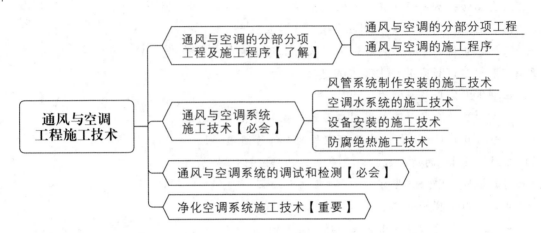

考点 1 通风与空调的分部分项工程及施工程序【了解】

1. 【单选】根据《建筑工程施工质量验收统一标准》（GB 50300—2013），下列不属于通风与空调工程常用的子分部工程的是（　　）。
   A. 送风系统
   B. 防排烟系统
   C. 净化系统
   D. 电气照明

2. 【多选】通风与空调工程子分部工程中，属于防排烟系统的有（　　）。
   A. 防排烟风阀
   B. 正压送风口
   C. 防火风管安装
   D. 吸风罩设备安装
   E. 旋流风口

3. 【单选】空调水系统管道施工程序，管道支吊架制作与安装的紧后工作是（　　）。
   A. 管道预制
   B. 管道与附件安装
   C. 水压试验
   D. 质量检查

4. 【单选】制冷机组安装程序，机组减振装置安装的紧后工作是（　　）。
   A. 机组运输吊装
   B. 质量检查
   C. 机组就位安装
   D. 机组配管

5. 【单选】下列关于水泵安装程序，正确的是（　　）。
   A. 基础验收→减振装置安装→水泵就位→找正找平→配管及附件安装→质量检查
   B. 基础验收→减振装置安装→水泵就位→找正找平→质量检查→配管及附件安装
   C. 减振装置安装→基础验收→水泵就位→找正找平→配管及附件安装→质量检查
   D. 基础验收→减振装置安装→水泵就位→质量检查→找正找平→配管及附件安装

考点 2 通风与空调系统施工技术【必会】

1. 【多选】通风与空调工程风管按其工作压力划分为（　　）四个等级类别。
   A. 微压
   B. 低压

C. 中压
E. 高压
D. 超高压

2. 【单选】下列关于风管制作所需材料的说法,错误的是( )。
   A. 复合材料风管的覆面材料必须为不燃材料
   B. 防火风管的本体、框架与固定材料、密封垫料等必须为不燃材料
   C. 当设计无规定时,镀锌钢板板材的镀锌层厚度不应低于 $60g/m^2$
   D. 内层的绝热材料应采用不燃或难燃且对人体无害的材料

3. 【多选】风管制作时,应针对风管的( )采取相应的加固措施。
   A. 工作压力等级
   B. 风速流量
   C. 板材厚度
   D. 风管长度
   E. 断面尺寸

4. 【多选】通风空调矩形风管制作时,应设导流叶片的管件有( )。
   A. 风机出口的变径管
   B. 矩形内斜线弯头
   C. 矩形内弧形弯头
   D. 消声器进风口
   E. 风机进口的变径管

5. 【多选】下列关于风管系统安装的说法,正确的有( )。
   A. 风管安装就位的程序通常为先上层后下层、先主干管后支管、先立管后水平管
   B. 输送含有易燃、易爆气体的风管系统通过生活区时接口加强密封
   C. 支、吊、托架的型钢应采用电气焊切割
   D. 风管穿过需要封闭的防火、防爆楼板,应设钢板厚度不小于 1.6mm 的防护套管
   E. 风管内可以有其他管线穿越

6. 【多选】风管制作安装完成后,必须对风管的( )进行严密性检验。
   A. 板材
   B. 咬口缝
   C. 铆接孔
   D. 法兰翻边
   E. 管段之间的连接

7. 【单选】空调开式冷却水系统工作压力为 0.9MPa,试验压力为( )。
   A. 1.5MPa
   B. 1.35MPa
   C. 1.4MPa
   D. 0.99MPa

8. 【多选】风机盘管机组进场时,对机组的性能进行见证取样检验包含( )。
   A. 供冷量
   B. 供热量
   C. 风量
   D. 水阻力
   E. 吸水率

考点 3　通风与空调系统的调试和检测【必会】

1. 【单选】通风机、空气处理机组中的风机,叶轮旋转方向正确、运转平稳、无异常振动与声响,其电机运行功率应符合设备技术文件的规定。在额定转速下连续运转( )h后,滑动轴承与滚动轴承的温升应符合相关规范要求。
   A. 2
   B. 4
   C. 6
   D. 8

2. 【多选】系统非设计满负荷条件下的联合试运行及调试内容包括( )。
   A. 监测与控制系统的检验、调整与联动运行
   B. 接地装置调整

C. 系统风量的测定和调整　　　　　　D. 空调水系统的测定和调整

E. 防排烟系统测定和调整

3.【多选】关于通风与空调系统进行试运行与调试的说法，正确的有（　　）。

A. 设备单机试运转前进行书面安全技术交底

B. 通风系统的连续试运行应不少于 8h

C. 空调系统带冷（热）源的连续试运行应不少于 2h

D. 系统总风量调试结果与设计风量的允许偏差应为 −5%～+10%

E. 空调冷（热）水总流量测试结果与设计流量的偏差不应大于 10%

考点 4　净化空调系统施工技术【重要】

1.【单选】洁净空调风管系统中洁净度等级 N7，且工作压力小于等于 1500Pa 的按（　　）系统的风管制作要求。

A. 无压　　　　　B. 低压　　　　　C. 中压　　　　　D. 高压

2.【单选】下列关于洁净空调的说法，错误的是（　　）。

A. 洁净度等级 N1 级至 N5 级的按高压系统的风管制作要求

B. 净化空调系统的检测和调整应在系统正常运行 8h 及以上，达到稳定后进行

C. 工程竣工洁净室（区）洁净度的检测，应在空态或静态下进行

D. 检测时，室内人员不宜多于 3 人

第四节　智能化系统工程施工技术

知识脉络

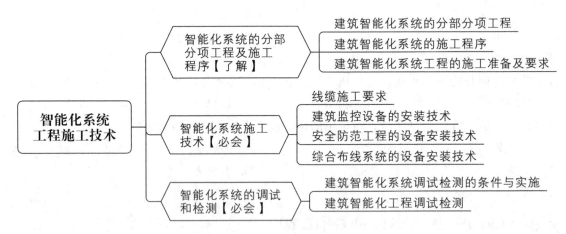

考点 1　智能化系统的分部分项工程及施工程序【了解】

1.【单选】建筑设备监控系统施工程序中，监控设备安装的紧后工序是（　　）。

A. 线缆敷设　　　　　　　　　　　　B. 设备接线

C. 监控设备通电调试　　　　　　　　D. 监控箱的安装

2.【多选】建筑智能化产品中进口设备应提供（　　）。

A. 原产地证明　　　　　　　　　　　B. 商检证明

C. 质量合格证明 D. 检测报告
E. 说明书的中英文文本

考点 2　智能化系统施工技术【必会】

1.【多选】智能化系统的电动风阀控制器安装前，应检查的内容有（　　）。
   A. 输出功率 B. 线圈和阀体间的电阻
   C. 供电电压 D. 驱动方向
   E. 输入信号

2.【多选】智能化系统的电动调节阀安装前，应检查的内容有（　　）。
   A. 线圈与阀体间的电阻 B. 模拟动作试验
   C. 压力试验 D. 输入信号
   E. 供电电压

考点 3　智能化系统的调试和检测【必会】

1.【多选】下列关于智能化系统检测的说法，正确的是（　　）。
   A. 系统检测应在系统试运行合格前进行
   B. 检测汇总记录由检测小组填写
   C. 系统检测程序：分项工程→子分部工程→分部工程
   D. 系统检测方案经总监理工程师审批后实施
   E. 系统检测的主控项目和一般项目应符合规范规定

2.【单选】摄像机、探测器、出入口识读设备、电子巡查信息识读器等设备抽检的数量不应低于（　　），且不应少于3台，数量少于3台时应全部检测。
   A. 10% B. 15% C. 20% D. 25%

第五节　电梯工程安装技术

■ 知识脉络

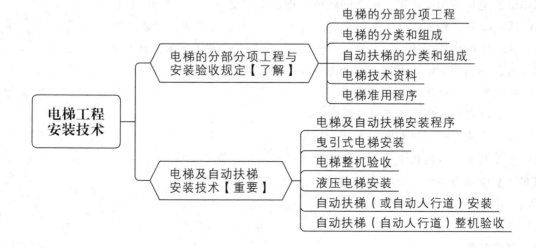

考点 1　电梯的分部分项工程与安装验收规定【了解】

1.【单选】曳引式电梯从系统功能分,下列属于电梯的构成系统的是（　　）系统。
   A. 导向　　　　　　　　B. 井道　　　　　　　　C. 机房　　　　　　　　D. 层站

2.【单选】电梯安装单位自检试运行结束后,由（　　）负责进行校验和调试。
   A. 安装单位　　　　　　　　　　　　　B. 检测单位
   C. 管理单位　　　　　　　　　　　　　D. 制造单位

3.【多选】下列属于电梯制造厂提供的资料的有（　　）。
   A. 制造许可证明文件　　　　　　　　　B. 电梯整机型式检验合格证书
   C. 产品质量证明文件　　　　　　　　　D. 井道布置图
   E. 施工方案

4.【单选】电梯安装单位提供的资料不包括（　　）。
   A. 安装许可证　　　　　　　　　　　　B. 施工方案
   C. 电气原理图　　　　　　　　　　　　D. 特种设备作业证

考点 2　电梯及自动扶梯安装技术【重要】

1.【单选】电梯安装之前,所有厅门预留孔必须设有高度不小于（　　）的安全保护围封。
   A. 800mm　　　　　　　　　　　　　　B. 1200mm
   C. 1100mm　　　　　　　　　　　　　　D. 1000mm

2.【单选】自动扶梯进行空载制动试验时,（　　）应符合标准规范的要求。
   A. 制停距离　　　　　　　　　　　　　B. 制停速度
   C. 制停时间　　　　　　　　　　　　　D. 制停载荷

3.【多选】自动扶梯必须自动停止运行的情况有（　　）。
   A. 无控制电压　　　　　　　　　　　　B. 电路接地故障
   C. 过载　　　　　　　　　　　　　　　D. 非操纵逆转
   E. 踏板下陷

4.【单选】层门下端与地坎的间隙,乘客电梯不应大于（　　）。
   A. 7mm　　　　　　B. 8mm　　　　　　C. 6mm　　　　　　D. 12mm

5.【单选】电梯轿厢缓冲器支座下的底坑地面应能承受（　　）的作用力。
   A. 满载轿厢动载 2 倍　　　　　　　　　B. 满载轿厢动载 4 倍
   C. 满载轿厢静载 2 倍　　　　　　　　　D. 满载轿厢静载 4 倍

6.【单选】下列要求中,不符合安全部件安装验收要求的是（　　）。
   A. 限速器动作速度整定封记完好
   B. 安全钳有拆动痕迹时应重新调节
   C. 液压缓冲器柱塞铅垂度不应大于 0.5%
   D. 对重的缓冲器撞板中心与缓冲器中心的偏差不应大于 20mm

7.【多选】电梯设备中的（　　）必须与其型式试验证书相符。
   A. 缓冲器　　　　　　　　　　　　　　B. 限速器
   C. 安全钳　　　　　　　　　　　　　　D. 选层器
   E. 门锁装置

8.【单选】电梯整机验收,层门与轿门试验时,每层电梯层门必须能够用( )开启。
   A. 召唤器 B. 三角钥匙
   C. 专用工具 D. 选层器

9.【单选】自动扶梯整机验收,电缆导体对地之间的绝缘电阻必须大于( )。
   A. 1000Ω/V B. 200Ω/V
   C. 500Ω/V D. 100Ω/V

10.【单选】关于电梯整机验收要求的说法,错误的是( )。
   A. 电梯的动力电路必须有过载保护装置
   B. 限速器在联动试验中应使电梯主机延时制动
   C. 电梯门锁装置必须与其型式试验证书相符
   D. 断相保护装置应使电梯不发生危险故障

11.【单选】自动扶梯的梯级踏板上空,垂直净高度不应小于( )。
   A. 2.3m B. 2.6m
   C. 2.8m D. 3.0m

第六节 消防工程施工技术

■ 知识脉络

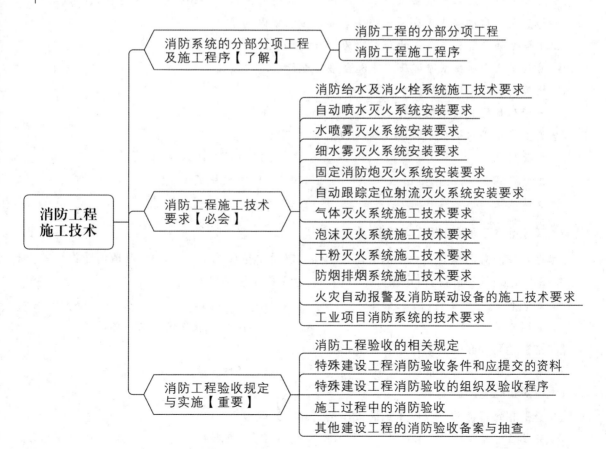

考点 1　消防系统的分部分项工程及施工程序【了解】

【单选】消火栓系统施工程序中，箱体稳固的紧后工序是（　　）。
A. 支管安装　　　　　　　　　　　　B. 附件安装
C. 管道试压　　　　　　　　　　　　D. 系统调试

考点 2　消防工程施工技术要求【必会】

1. 【单选】防火分区隔墙两侧的防火阀，距墙表面应不大于（　　）。
   A. 400mm　　　　　　　　　　　　B. 100mm
   C. 200mm　　　　　　　　　　　　D. 300mm

2. 【单选】关于工业建设项目的消防系统技术要求，错误的是（　　）。
   A. 火电厂单台发电机组容量为300MW及以上的，企业消防站内应配备不少于2辆消防车
   B. 石油储备库的油罐应设置固定式高倍数泡沫灭火系统
   C. 储存锌粉、碳化钙、低亚硫酸钠等遇水燃烧物品的仓库不得设置室内外消防给水
   D. 燃气轮发电机组宜采用全淹没气体灭火系统

3. 【单选】关于室内消火栓，说法正确的是（　　）。
   A. 栓口距地面应为1m
   B. 地下式消火栓顶部进水口或顶部出水口不应正对井口
   C. 栓口不应安装在门轴侧
   D. 安装完成后应取屋顶层（或水箱间内）试验消火栓和首层一处消火栓进行试射试验

4. 【单选】关于自动喷水灭火系统喷头安装，说法错误的是（　　）。
   A. 下垂型洒水喷头与顶板的距离应为75~150mm
   B. 喷头安装必须在系统试压、冲洗合格前进行
   C. 喷头安装应使用专用扳手
   D. 严禁利用喷头的框架施拧

5. 【多选】自动喷水灭火系统的调试应包括（　　）。
   A. 水源测试　　　　　　　　　　　　B. 稳压泵调试
   C. 报警阀调试　　　　　　　　　　　D. 消火栓调试
   E. 联动试验

考点 3　消防工程验收规定与实施【重要】

1. 【单选】建筑总面积为25000m²的建设工程，建设单位应当向（　　）申请消防设计审查，并在建设工程竣工后向消防设计审查验收主管部门申请消防验收。
   A. 建设单位　　　　　　　　　　　　B. 设计单位
   C. 监理公司　　　　　　　　　　　　D. 住房和城乡建设主管部门

2. 【单选】消防验收的结论评定程序要形成（　　）。
   A. 消防设施技术测试报告　　　　　　B. 消防验收意见书
   C. 消防工程整改通知单　　　　　　　D. 工程移交清单

3. 【单选】粗装修消防验收属于消防设施的（　　）验收。
   A. 完整性　　　　　　　　　　　　　B. 可用性

C. 功能性 D. 操作性

4. 【多选】建设单位申请消防验收，应当提供的材料有（　　）。
   A. 消防验收申报表　　　　　　　　B. 工程竣工验收报告
   C. 涉及消防的建设工程竣工图纸　　D. 设备开箱记录
   E. 设计变更记录

5. 【单选】下列总面积在 1000~2000m² 的建筑场所应申请消防验收的是（　　）。
   A. 博物馆的展示厅　　　　　　　　B. 大学的食堂
   C. 中学的教学楼　　　　　　　　　D. 医院的门诊楼

6. 【单选】不需要向住房和城乡建设主管部门申请消防验收的工程是（　　）。
   A. 国家机关办公楼
   B. 邮政楼
   C. 30m 高的公共建筑
   D. 建筑总面积大于 1.5 万平方米的民用机场航站楼

7. 【单选】特殊建设工程消防验收程序不包含（　　）。
   A. 验收受理　　　　　　　　　　　B. 出具验收意见
   C. 局部验收　　　　　　　　　　　D. 现场评定

8. 【多选】消防工程按施工工序划分的消防验收形式有（　　）。
   A. 隐蔽工程消防验收　　　　　　　B. 粗装修消防验收
   C. 局部消防验收　　　　　　　　　D. 现场消防验收
   E. 精装修消防验收

第四章 工业机电工程安装技术

第一节 机械设备安装技术

■ 知识脉络

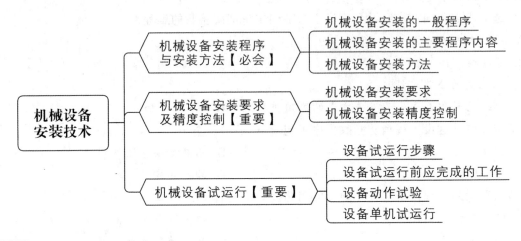

考点 1 机械设备安装程序与安装方法【必会】

1. 【单选】机械设备安装的程序中零部件清洗与装配的紧前工序是（　　）。
   A. 润滑与加油　　　　　　　　　　　B. 设备试运行
   C. 设备固定与灌浆　　　　　　　　　D. 吊装就位

2. 【多选】在设备安装调整过程中，常用设备找正检测方法检测精度为 0.05mm 的有（　　）。
   A. 钢丝挂线法　　　　　　　　　　　B. 导电接触讯号法
   C. 高精度经纬仪测量法　　　　　　　D. 放大镜观察接触法
   E. 精密全站仪测量法

3. 【单选】机械设备安装的二次灌浆在（　　）、地脚螺栓紧固、各项检测项目合格后进行。
   A. 设备清洗装备　　　　　　　　　　B. 设备调试
   C. 设备试运行　　　　　　　　　　　D. 设备精找正

4. 【单选】机械设备找平时，通常用水平仪测量设备的水平度，检测应选择在（　　）。
   A. 设备的精加工面上　　　　　　　　B. 设备机座底线
   C. 设备外壳轮廓线上　　　　　　　　D. 设备基础平面上

5. 【单选】设备灌浆可使用的灌浆料很多，下列材料中，不可作为设备灌浆使用的是（　　）。
   A. 中石混凝土　　　　　　　　　　　B. 无收缩混凝土
   C. 微膨胀混凝土　　　　　　　　　　D. 细石混凝土

6. 【单选】机械设备灌浆分为一次灌浆和二次灌浆，大型机械设备一次灌浆应在（　　）进行。
   A. 机座就位后　　　　　　　　　　　B. 设备粗找正后

C. 设备精找正后　　　　　　　　　　　D. 地脚螺栓紧固合格后

7.【多选】机械设备开箱检查时，应进行检查和记录的项目有（　　）。
　A. 箱号、箱数以及包装情况　　　　　B. 随机技术文件
　C. 到货日期记录和运输日志　　　　　D. 有无缺损件，表面有无损坏和锈蚀
　E. 报价清单

8.【多选】设备就位前，应经检查确认（　　）。
　A. 设备运至安装现场经开箱检查验收合格　　B. 除去设备底面的泥土、油污
　C. 设备基础沉降预压试验合格　　　　D. 二次灌浆强度足够
　E. 垫铁间已点焊固定

9.【单选】机械设备安装找平过程中，将设备调整到设计或规范规定的水平状态的方法是（　　）。
　A. 千斤顶顶升　　　　　　　　　　　B. 调整调节螺钉
　C. 调整垫铁高度　　　　　　　　　　D. 楔入专用斜铁器

10.【多选】有预紧力要求的螺纹连接常用紧固方法包括（　　）。
　A. 双螺母锁紧法　　　　　　　　　　B. 测量伸长法
　C. 液压拉伸法　　　　　　　　　　　D. 加热伸长法
　E. 防松销固定法

11.【单选】在安装现场，过盈配合件的装配方法主要采用（　　）。
　A. 压入装配法　　　　　　　　　　　B. 低温冷装配法
　C. 焊接固定法　　　　　　　　　　　D. 加热装配法

12.【单选】对开式滑动轴承装配过程内容不包括（　　）。
　A. 轴瓦刮研　　　　　　　　　　　　B. 轴承安装
　C. 螺纹连接件装配　　　　　　　　　D. 轴承间隙的测量与调整

13.【单选】轴承间隙的检测及调整中，轴颈与轴瓦的侧间隙可用（　　）测量。
　A. 压铅法　　　　　　　　　　　　　B. 塞尺
　C. 游标卡尺　　　　　　　　　　　　D. 千分表

考点 2　机械设备安装要求及精度控制【重要】

1.【多选】下列设备或机组，需设置沉降观测点的有（　　）。
　A. 汽轮发电机组　　　　　　　　　　B. 透平压缩机组
　C. 大型储罐　　　　　　　　　　　　D. 高压配电柜
　E. 变压器

2.【多选】设备安装前，按规范允许偏差要求对设备基础的（　　）进行复检。
　A. 位置　　　　　　　　　　　　　　B. 混凝土强度
　C. 标高　　　　　　　　　　　　　　D. 几何尺寸
　E. 平整度

3.【多选】对设备基础的位置、标高、几何尺寸检查的主要项目有（　　）。
　A. 基础的坐标位置　　　　　　　　　B. 混凝土强度
　C. 不同平面的标高　　　　　　　　　D. 基础立面的铅垂度

E. 地脚螺栓预留孔内有无漏筋

4. 【多选】有关预埋地脚螺栓检查验收要求，说法正确的有（　　）。
   A. 直埋地脚螺栓中心距、标高及露出基础长度符合设计或规范要求
   B. 直埋地脚螺栓的螺母和垫圈配套
   C. 活动地脚螺栓锚板的中心位置、标高应符合设计或规范要求
   D. 安装胀锚地脚螺栓的基础混凝土强度不得大于10MPa
   E. 有裂缝的部位使用胀锚地脚螺栓要有足够的强度

5. 【多选】设备基础常见质量通病有（　　）。
   A. 预埋地脚螺栓的位置、标高超差
   B. 预留地脚螺栓孔深度超差
   C. 预埋地脚螺栓的中心距超差
   D. 基础上平面标高超差
   E. 基础位置、几何尺寸超差

6. 【多选】关于垫铁的设置，正确的有（　　）。
   A. 垫铁与设备基础之间的接触应良好
   B. 每个地脚螺栓旁边至少应有一组垫铁，并放在靠近地脚螺栓边缘
   C. 每组垫铁的块数不宜超过5块
   D. 放置平垫铁时，厚的宜放在中间，薄的宜放在下面
   E. 设备调整完毕后各铸铁垫铁相互间应用定位焊焊牢

7. 【多选】设备基础对安装精度的影响主要有（　　）。
   A. 基础的外形尺寸不合格
   B. 平面的平整度不符合要求
   C. 基础强度不够
   D. 沉降不均匀
   E. 没有预压

8. 【多选】解体设备的装配精度将直接影响设备的运行质量，包括（　　）。
   A. 解体设备设备制造的加工精度
   B. 各运动部件之间的相对运动精度
   C. 配合面之间的配合精度
   D. 配合面的粗糙度
   E. 配合面之间的接触质量

9. 【单选】环境因素对机械设备安装精度的影响不容忽视。下列环境因素中，不属于影响机械设备安装精度的主要因素是（　　）。
   A. 基础温度变形
   B. 设备温度变形
   C. 安装工程处于进行生产的场所影响作业人员视线、听力、注意力
   D. 安装场所湿度大

10. 【单选】地脚螺栓安装的垂直度和（　　）影响安装的精度。
    A. 螺栓灌浆强度
    B. 螺栓强度
    C. 垫铁布置
    D. 紧固力

11. 【多选】设备安装精度允许有一定的偏差，应合理确定其偏差及方向。当技术文件无规定时，符合要求的原则有（　　）。
    A. 有利于抵消设备安装的积累误差
    B. 有利于抵消设备附属件安装后重量的影响

C. 有利于抵消设备运转时产生的作用力的影响

D. 有利于抵消零部件磨损的影响

E. 有利于抵消摩擦面间油膜的影响

12.【单选】在室温条件下,工作温度较高的干燥机与传动电机联轴器找正时,两端面间隙在允许偏差内应选择(　　)。

　　A. 较大值　　　　　　　　　　　　B. 中间值

　　C. 较小值　　　　　　　　　　　　D. 最小值

考点 3　机械设备试运行【重要】

1.【多选】关于轴流通风机试运转的要求,正确的有(　　)。

　　A. 风机连续运转的时间不应少于20min

　　B. 轴承表面温度不得高于环境温度70℃

　　C. 滚动轴承正常工作温度不应超过70℃

　　D. 滑动轴承正常工作温度不应超过75℃

　　E. 最高电流为电动机额定电流值120%

2.【多选】压缩机空气负荷单机试运行后应及时完成的工作有(　　)。

　　A. 排除气路和气罐中的剩余压力

　　B. 清洗过滤器和更换润滑油

　　C. 需检查曲轴箱时,应在停机10min后再打开曲轴箱

　　D. 依次关闭附属系统的阀门

　　E. 排除进气管及冷凝收集器和气缸及管路中的冷凝液

3.【单选】关于泵试运转的说法,错误的是(　　)。

　　A. 试运转的介质宜采用清水　　　　B. 运转时,各固定连接部位不应有松动

　　C. 泵的静密封应无泄漏　　　　　　D. 滚动轴承的温度不应大于70℃

4.【单选】桥式起重机动载试运转时,试验荷载应为额定起重量的(　　)。

　　A. 1.0倍　　　　　　　　　　　　B. 1.1倍

　　C. 1.2倍　　　　　　　　　　　　D. 1.25倍

5.【多选】离心式压缩机试运转应符合的规定有(　　)。

　　A. 压缩机增速器轮齿静态接触迹线长度不应小于齿长的60%

　　B. 试运转的压缩介质应采用空气

　　C. 主机的排气应缓慢升压,每10min升压不得大于0.1MPa

　　D. 应连续运行2h

　　E. 轴承壳振动速度有效值不超过6.3mm/s

6.【单选】起重机的静载试验应符合的规定包括(　　)。

　　A. 将小车停在起重机的主梁跨中或有效悬臂处

　　B. 无冲击地起升额定起重量1.5倍的荷载

　　C. 主梁有永久变形时,起重机静载试验失效

　　D. 起重机主梁不得有上拱度

第二节 工业管道施工技术

■ 知识脉络

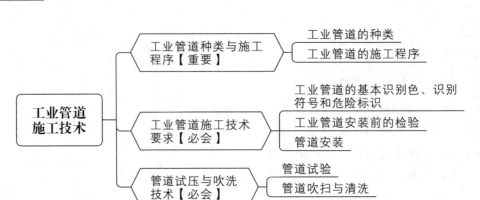

考点 1 工业管道种类与施工程序【重要】

1. 【单选】设计压力为 10MPa 的管道属于（ ）管道。
   A. 低压　　　　　　　　　　　　　B. 中压
   C. 高压　　　　　　　　　　　　　D. 超高压

2. 【多选】工业管道设计压力分类可分为（ ）。
   A. 真空管道　　　　　　　　　　　B. 低压管道
   C. 常压管道　　　　　　　　　　　D. 中压管道
   E. 高压管道

3. 【单选】下列管道中属于高压管道的是（ ）。
   A. 设计压力为 1.6MPa　　　　　　　B. 设计压力为 10MPa
   C. 设计压力为 0MPa　　　　　　　　D. 设计压力为 100MPa

4. 【多选】下列管道中属于低压管道的有（ ）。
   A. 设计压力为 0MPa　　　　　　　　B. 设计压力为 1.6MPa
   C. 设计压力为 1.2MPa　　　　　　　D. 设计压力为 10MPa
   E. 设计压力为 100MPa

5. 【单选】输送介质温度 t 大于 -40℃ 且小于等于 120℃ 的工业管道属于（ ）管道。
   A. 低温　　　　　　　　　　　　　B. 常温
   C. 中温　　　　　　　　　　　　　D. 高温

6. 【单选】管道安装工程的一般程序中，防腐绝热的紧前工作是（ ）。
   A. 管道加工　　　　　　　　　　　B. 管道试验
   C. 支架制作安装　　　　　　　　　D. 系统清洗

7. 【单选】管道安装工程施工程序中，管道安装的紧后工序是（ ）。
   A. 防腐绝热　　　　　　　　　　　B. 管道试验
   C. 支架制作安装　　　　　　　　　D. 管道吹扫、清洗

考点 2 工业管道施工技术要求【必会】

1. 【多选】弹簧支吊架中弹簧的临时固定件，如定位销等，应待系统（   ）完毕后方可拆除。
   A. 安装 B. 检查
   C. 试压 D. 冲洗
   E. 绝热

2. 【单选】阀门与管道以焊接方式连接时，阀门应（   ），焊缝底层宜采用氩弧焊。
   A. 开启 B. 隔离
   C. 关闭 D. 拆除阀芯

3. 【多选】管道与设备连接前，应在自由状态下检验法兰的（   ），偏差应符合规定要求。
   A. 同轴度 B. 平面度
   C. 平行度 D. 垂直度
   E. 倾斜度

4. 【单选】关于工业管道中阀门的检验，下列说法中正确的是（   ）。
   A. 不锈钢阀门试验时，水中的氯离子含量不得超过35ppm
   B. 阀门试验的介质温度低于10℃时，应采取升温措施
   C. 安全阀密封试验在整定压力调整合格前进行
   D. 阀门的壳体试验压力可以为阀门在20℃时最大允许工作压力的1.5倍

5. 【多选】工业阀门安装前检验内容及要求包括（   ）。
   A. 阀门的试验温度为5～40℃
   B. 阀门的密封试验为设计压力为阀门在20℃时最大允许工作压力的1.1倍
   C. 阀门的壳体试验压力为公称压力的1.5倍
   D. 试验持续时间不得少于5min
   E. 当试验温度低于5℃时要采取升温措施

6. 【单选】伴热管与主管应（   ）安装，并应自行排液。
   A. 水平 B. 平行
   C. 交叉 D. 垂直

7. 【多选】支架安装时，滑动面应洁净平整，不得有歪斜和卡涩现象的管道支架有（   ）。
   A. 导向支架 B. 固定支架
   C. 支吊架 D. 滑动支架
   E. 弹簧支架

8. 【单选】安全阀的出口管道应接向安全地点，安全阀安装应满足（   ）安装。
   A. 垂直 B. 倾角60°
   C. 倾角30° D. 水平

9. 【单选】防腐蚀衬里管道组成件，如橡胶、塑料、纤维增强塑料、涂料等衬里的管道组成件，应存放在温度为（   ）的室内，并避免阳光照晒和热源辐射。
   A. －10～－5℃ B. －5～0℃
   C. 0～5℃ D. 5～40℃

10. 【多选】下列关于管道的施工技术，说法正确的有（　　）。
   A. 管道与设备的连接应在设备安装定位并紧固地脚螺栓前进行
   B. 管道与动设备连接前，应在自由状态下检验法兰的平行度和同轴度
   C. 夹套管的连通管不得存液
   D. 水平伴热管宜安装在主管的上方一侧或两侧
   E. 伴热管应点焊在主管上加以固定

考点 3　管道试压与吹洗技术【必会】

1. 【多选】工业管道系统安装后，根据系统不同的使用要求，应进行的试验类型主要分为（　　）等。
   A. 强度试验
   B. 压力试验
   C. 真空度试验
   D. 泄漏性试验
   E. 灌水试验

2. 【单选】管道系统气压试验的试验温度严禁接近金属的（　　）转变温度。
   A. 脆性
   B. 塑性
   C. 延展性
   D. 韧性

3. 【多选】关于工业管道系统压力试验的规定，正确的有（　　）。
   A. 压力试验是以液体或气体为介质
   B. 管道安装完毕，热处理和无损检测合格后，进行压力试验
   C. 当管道的设计压力小于或等于 0.4MPa 时，可采用气体为试验介质，但应采取有效的安全措施
   D. 进行压力试验时，要划定禁区，无关人员不得进入
   E. 试验过程发现泄漏时，不得带压处理

4. 【多选】下列关于工业管道系统液压试验实施要点的说法中，正确的有（　　）。
   A. 液压试验应使用洁净水，对不锈钢管道，水中氯离子含量不得超过 25ppm
   B. 试验前，注入液体时应排尽空气
   C. 试验时环境温度不宜低于 0℃
   D. 承受内压的地上钢管道试验压力为设计压力的 1.5 倍
   E. 在试验压力下稳压 30min，再将试验压力降至设计压力，稳压 10min

5. 【多选】下列关于工业管道系统压力试验（气压）实施要点的说法中，正确的有（　　）。
   A. 试验前，注入液体时应排尽空气
   B. 试验时环境温度不宜低于 5℃，当环境温度低于 5℃时应采取防冻措施
   C. 承受内压的地上钢管道及有色金属管道试验压力应为设计压力的 1.1 倍
   D. 液压试验应使用洁净水
   E. 埋地钢管道的试验压力应为设计压力的 1.5 倍，并不得低于 0.6MPa

6. 【单选】关于工业管道系统真空度试验的实施要点，说法正确的是（　　）。
   A. 真空度试验在压力试验合格前进行
   B. 所有管道均做真空度试验
   C. 真空系统按设计文件规定进行 24h 的真空度试验，增压率不应大于 5%

D. 真空度试验在泄漏试验合格后进行

7. 【多选】关于工业管道系统泄漏性试验，说法错误的有（   ）。
   A. 泄漏性试验的试验介质宜采用空气
   B. 试验压力为设计压力的1.15倍
   C. 泄漏性试验应在压力试验前进行
   D. 泄漏性试验可结合试车一并进行
   E. 输送极度和高度危害介质的管道必须进行泄漏性试验

8. 【多选】管道压力试验前应具备的条件有（   ）。
   A. 管道安装工程均已按设计图纸全部完成
   B. 试验用的压力表在周检期内并已经校验，其精度符合规定要求
   C. 管道已按试验要求进行了加固
   D. 待试管道与无关系统已采用盲板或其他隔离措施隔开
   E. 试验方案已制定

9. 【单选】管道系统正确的吹洗顺序是（   ）。
   A. 支管→疏排管→主管
   B. 疏排管→支管→主管
   C. 主管→支管→疏排管
   D. 主管→疏排管→支管

10. 【单选】公称直径小于600mm的液体管道宜采用（   ）。
    A. 水冲洗
    B. 蒸汽吹扫
    C. 空气吹扫
    D. 燃气吹扫

11. 【单选】公称直径500mm的液体管道在吹扫时，吹扫介质的流速不宜小于（   ）。
    A. 20m/s
    B. 1.5m/s
    C. 30m/s
    D. 15m/s

12. 【单选】蒸汽管道系统应用蒸汽吹扫，吹扫前先行（   ）。
    A. 用水冲洗
    B. 用空气吹扫
    C. 暖管
    D. 排尽气体

13. 【多选】管道的吹扫与清洗应根据（   ）确定。
    A. 对管道的使用要求
    B. 工作时间
    C. 系统回路
    D. 现场条件
    E. 管道内表面的脏污程度

14. 【多选】下列工业管道水冲洗实施要点，错误的有（   ）。
    A. 冲水流速不得低于20m/s
    B. 排水时不得形成负压
    C. 排水口的水色和透明度与入口水目测一致
    D. 使用洁净水连续进行冲洗
    E. 水中氯离子含量不得超过30ppm

15. 【单选】关于油清洗实施要点，说法错误的是（   ）。
    A. 油清洗应以循环的方式进行
    B. 当设计文件或产品技术文件无规定时，管道油清洗后采用滤网检验
    C. 油清洗合格后的管道，采取封闭或充氮保护措施
    D. 每12h应在40～70℃内反复升降油温2～3次，并及时更换或清洗滤芯

第三节 电气装置安装技术

■ 知识脉络

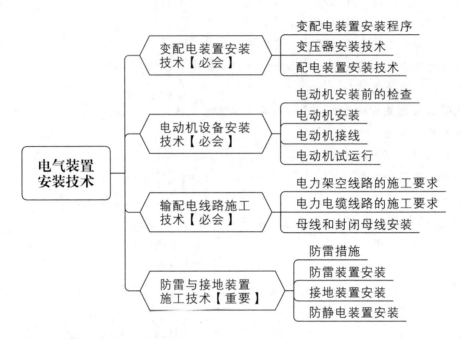

考点 1 变配电装置安装技术【必会】

1. 【单选】下列关于油浸式电力变压器的施工程序，正确的是（ ）。
   A. 吊芯检查→设备就位→附件安装→滤油、注油
   B. 吊芯检查→设备就位→滤油、注油→附件安装
   C. 设备就位→吊芯检查→附件安装→滤油、注油
   D. 设备就位→吊芯检查→滤油、注油→附件安装

2. 【单选】下列关于电抗器的安装程序，正确的是（ ）。
   A. 电抗器找平、找正→电抗器吊装→交接试验
   B. 交接试验→电抗器吊装→电抗器找平、找正
   C. 交接试验→电抗器找平、找正→电抗器吊装
   D. 电抗器吊装→交接试验→电抗器找平、找正

3. 【单选】油浸式电力变压器是否需要吊芯检查，应根据变压器大小、制造厂规定、存放时间、运输过程中有无异常和（ ）要求而确定。
   A. 安装单位
   B. 设计单位
   C. 建设单位
   D. 施工单位

4. 【单选】10kV 高压设备试验，未设置防护栏时，操作人员与其最小安全距离为（ ）。
   A. 0.4m
   B. 0.5m

C. 0.6m   D. 0.7m

5. 【多选】电气装置在接通二次回路电源之前，应再次测定二次回路的（　　），确保无接地或短路存在。
   A. 绝缘电阻   B. 耐压试验
   C. 直流电阻   D. 绝缘油试验
   E. 泄漏电流

6. 【多选】进行二次回路动作检查时，不应使其相应的一次回路带有运行电压，如（　　）。
   A. 母线   B. 继电器
   C. 断路器   D. 隔离开关
   E. 监视仪表

7. 【多选】关于电气工程的受电步骤的说法，正确的有（　　）。
   A. 受电系统一次回路试验合格
   B. 保护定值按实际要求整定完毕
   C. 受电系统的设备和电缆等绝缘合格
   D. 安全警示标志和消防设施已布置到位
   E. 动力回路核对相序无误

8. 【多选】配电装置的安装要求包括（　　）。
   A. 基础型钢的两端与接地干线应焊接牢固
   B. 柜体间及柜体与基础型钢间应焊接固定
   C. 安装用的紧固件应采用镀锌制品或不锈钢制品
   D. 手车推进时接地触头比主触头后接触
   E. 同一功能单元、同一种型式的高压电器组件能互换使用

9. 【多选】电气的交接试验注意事项包括（　　）。
   A. 在高压试验设备和高电压引线周围，应装设遮拦并悬挂警示牌
   B. 不设防护栏时，最小安全距离为0.5m
   C. 高压试验结束后，应对直流试验设备多次放电
   D. 成套设备应连接一起进行耐压试验
   E. 断路器的交流耐压试验合闸状态即可

10. 【多选】电气装置通电检查及调整试验的主要内容包括（　　）。
    A. 先一次回路通电检查，后二次回路检查
    B. 继电器和仪表等均经校验合格
    C. 电流互感器二次侧无短路现象
    D. 电压互感器二次侧无短路现象
    E. 回路经过绝缘电阻测定和耐压试验，绝缘电阻值均符合规定

11. 【单选】关于变压器的交流耐压试验，说法正确的是（　　）。
    A. 大容量的变压器静置10h再进行耐压试验
    B. 小容量的变压器可以新装注油后直接进行耐压试验
    C. 变压器交流耐压试验对绕组及其他高、低耐压元件都可进行

D. 耐压试验前用万用表检查绝缘状况

12.【单选】下列不属于变压器交接试验内容的是（　　）。
A. 检查所有分接的电压比
B. 极性和连接级别测量
C. 绝缘油试验
D. 绕组连同套管的交流耐压试验

13.【单选】下列选项中，关于变压器二次搬运与就位的描述，错误的是（　　）。
A. 装有气体继电器的变压器顶盖，沿气体继电器的气流方向有 1.0%～1.5% 的升高坡度
B. 吊装时，钢丝绳必须挂在变压器顶盖上部的吊环上
C. 搬运就位时，倾斜角度不得超过 15°
D. 就位时，其方位和距墙尺寸应与设计要求相符

考点 2　电动机设备安装技术【必会】

1.【单选】电动机干燥时不允许使用（　　）测量温度。
A. 水银温度计　　　　　　　　B. 酒精温度计
C. 电阻温度计　　　　　　　　D. 温差热电偶

2.【单选】关于电动机试运行的说法，错误的是（　　）。
A. 绕线型电动机应检查滑环和电刷
B. 电动机第一次启动一般在空载情况下进行，空载运行时间为 1h
C. 电动机的保护接地线必须连接可靠，接地线（铜芯）的截面积不小于 $4mm^2$
D. 应用 500V 兆欧表测量电动机绕组的绝缘电阻

考点 3　输配电线路施工技术【必会】

1.【单选】架空电力线路安装程序中，立杆的紧后工序是（　　）。
A. 横担安装　　　　　　　　　B. 绝缘子安装
C. 拉线制作与安装　　　　　　D. 导线架设

2.【多选】耐张杆的作用包括（　　）。
A. 承受断线张力
B. 控制事故范围
C. 正常情况下承受导线转角合力
D. 事故断线情况下承受断线张力
E. 承受线路一侧张力

3.【单选】低压架空线的导线一般采用（　　）。
A. 钢芯铝绞线　　　　　　　　B. 铝包钢芯铝绞线
C. 钢绞线　　　　　　　　　　D. 塑料铜芯线

4.【多选】架空线路中，常用的金具有（　　）。
A. 卡盘　　　　　　　　　　　B. U 字形抱箍
C. 挂板　　　　　　　　　　　D. 心形环
E. 碟式绝缘子

5. 【单选】水泥电杆的立杆方法不包括（　　）。
   A. 汽车起重机立杆　　　　　　　　　B. 桅杆立杆
   C. 三脚架立杆　　　　　　　　　　　D. 人字抱杆立杆

6. 【多选】横担安装位置要求包括（　　）。
   A. 10kV 及以下直线杆的单横担应安装在负荷侧
   B. 分支杆采用双横担
   C. 终端杆采用单横担，应安装在负荷侧
   D. 边相的瓷横担不宜垂直安装
   E. 中相瓷横担应垂直地面

7. 【多选】架空线路试验内容包括（　　）。
   A. 测线路的绝缘电阻　　　　　　　　B. 交流耐压试验
   C. 冲击合闸试验　　　　　　　　　　D. 测量杆塔的接地电阻值
   E. 泄漏电流试验

8. 【单选】施工现场临时用电架空线路中耐张杆、转角杆采用（　　）。
   A. 针式绝缘子　　　　　　　　　　　B. 蝶式绝缘子
   C. 悬式绝缘子　　　　　　　　　　　D. 棒式绝缘子

9. 【多选】电缆保护管的设置要求包括（　　）。
   A. 电缆与各种管道、沟道交叉处需设保护管
   B. 电缆保护管内径大于电缆外径的 1.5 倍
   C. 电缆引入和引出建筑物，设防火套管
   D. 硬塑料管与热力管交叉时应穿钢套管
   E. 电缆保护管宜敷设于热力管的上方

10. 【多选】直埋电缆在（　　）等处应设置明显的方位标志或标桩。
    A. 电缆接头处　　　　　　　　　　　B. 直线段每隔 5m 处
    C. 电缆转弯处　　　　　　　　　　　D. 电缆进入建筑物
    E. 电缆交叉处

11. 【单选】用机械牵引敷设电缆时，允许牵引强度最大的是（　　）。
    A. 铜芯牵引头　　　　　　　　　　　B. 铝芯牵引头
    C. 铅芯钢丝网套　　　　　　　　　　D. 塑料护套

12. 【多选】电缆敷设的注意事项有（　　）。
    A. 电缆应在切断后 24h 内封头
    B. 油浸纸质绝缘电力电缆必须铅封
    C. 并列敷设电缆不得有中间接头
    D. 架空敷设的电缆中间接头用托板托置固定
    E. 三相四线制的系统中应采用四芯电力电缆

13. 【单选】有关母线的连接固定，正确的是（　　）。
    A. 母线应在找正及固定前，进行导体的焊接
    B. 母线与设备连接完毕后，应进行母线绝缘电阻的测试

C. 金属母线与设备连接部位，应设置热胀冷缩或基础沉降的补偿装置

D. 通过焊接将母线固定在支柱绝缘子上

14. 【单选】三相交流母线的 L_1 相、L_2 相、L_3 相分别为（　　）色。

    A. 红、绿、黄　　　　　　　　　　B. 红、黄、绿

    C. 黄、绿、红　　　　　　　　　　D. 黄、红、绿

15. 【单选】封闭母线进场、安装前应做电气试验，绝缘电阻测试不小于（　　）。

    A. 0.5MΩ　　　　　　　　　　　　B. 2MΩ

    C. 10MΩ　　　　　　　　　　　　D. 20MΩ

考点 4　防雷与接地装置施工技术【重要】

1. 【多选】下列属于输电线路的防雷措施的有（　　）。

    A. 架设接闪线

    B. 装设自动重合闸

    C. 降低杆塔的接地电阻

    D. 增加绝缘子串的片数

    E. 提高输电导线的截面积

2. 【多选】接闪器安装符合要求的有（　　）。

    A. 氧化锌接闪器的接地线截面积为 $16mm^2$ 的软铜线

    B. 管型接闪器与被保护设备的连接线长度为 6m

    C. 接闪器上端带电部分与电器柜体外壳留足够的安全距离

    D. 应避免各接闪器排出的电离气体相交而造成的短路

    E. 排气式接闪器的安装，应避免其排出的气体引起相间闪络

3. 【单选】金属氧化物接闪器安装后，需测量金属氧化物接闪器的（　　）。

    A. 泄漏电流　　　　　　　　　　　B. 持续电流

    C. 放电电流　　　　　　　　　　　D. 短路电流

4. 【多选】接地模块的安装要求有（　　）。

    A. 接地模块是导电能力优越的金属材料

    B. 通常接地模块顶面埋深不应小于 0.7m

    C. 接地模块间距不应小于模块长度的 3～5 倍

    D. 接地模块的安装需满足规范的规定

    E. 接地模块安装应参阅制造厂商的技术说明

5. 【多选】接地线的安装要求包括（　　）。

    A. 室外接地线一般暗敷

    B. 接地干线与接地极的连接采用焊接

    C. 接地支线与接地干线的连接应采用焊接

    D. 接地干线与支线末端应露出地面 0.6m 以上

    E. 设备连接支线需经过地面时应埋设在混凝土内

第四节 自动化仪表工程安装技术

■ 知识脉络

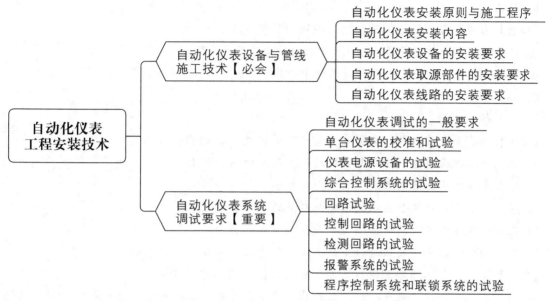

考点 1 自动化仪表设备与管线施工技术【必会】

1. 【单选】下列关于仪表调校应遵循的原则,正确的是（　　）。
   A. 先校验后取证　　　　　　　　B. 先复杂回路后单回路
   C. 先单校后联校　　　　　　　　D. 先网络后单点

2. 【多选】下列管道中,属于仪表管道的有（　　）。
   A. 测量管道　　　　　　　　　　B. 气动信号管道
   C. 配线管道　　　　　　　　　　D. 伴热管道
   E. 液压管道

3. 【多选】下列属于自动化仪表施工原则的有（　　）。
   A. 先土建后安装　　　　　　　　B. 先地下后地上
   C. 先安装设备再配管布线　　　　D. 先里后外
   E. 先两端后中间

4. 【单选】直接安装在设备或管道上的仪表在安装完毕后应进行（　　）。
   A. 吹扫清洗　　　　　　　　　　B. 压力试验
   C. 无损检测　　　　　　　　　　D. 防腐保温

5. 【单选】关于自动化仪表的取源部件安装的说法,正确的是（　　）。
   A. 在工艺管道防腐、衬里、吹扫后开孔和焊接
   B. 同一管段上压力取源部件安装在温度取源部件下游侧
   C. 温度取源部件在管道上垂直安装时,应与管道轴线垂直相交

D. 温度取源部件应临近阀门出口侧安装

6. 【多选】分析取源部件的取样点的周围不应有（　　）和物料堵塞或非生产过程的化学反应。
   A. 紊流
   B. 空气渗入
   C. 层流
   D. 死角
   E. 涡流

7. 【单选】节流装置测量气体流量时，取压口的位置是（　　）。
   A. 在管道的下半部与管道水平中心线成0°～45°角的范围内
   B. 取压口在管道的上半部与管道水平中心线成0°～45°角的范围内
   C. 上半部
   D. 下半部

8. 【多选】下列关于自动化仪表设备安装要求的说法，正确的有（　　）。
   A. 仪表上接线箱（盒）应采取密封措施，引入口不宜朝上
   B. 压力式温度计的温包不应浸入被测对象中
   C. 质量流量计应安装于被测流体完全充满的水平管道上
   D. 孔板的锐边或喷嘴的曲面侧应背着被测流体的流向
   E. 雷达物位计不应安装在进料口的上方，传感器应垂直于物料表面

9. 【单选】下列关于压力取源部件的安装要求，说法错误的是（　　）。
   A. 测量液体压力时，取压点的方位在管道的下半部与管道的水平中心线成0～45°夹角的范围内
   B. 当测量气体压力时，取压点的方位在管道的上半部
   C. 压力取源部件与温度取源部件在同一管段上时，压力取源部件应安装在温度取源部件的下游侧
   D. 测量蒸汽压力时，取压点的方位在管道的上半部，或者下半部与管道水平中心线成0～45°夹角的范围内

10. 【多选】下列关于自动化仪表说法错误的有（　　）。
    A. 安装取源部件时，不应在焊缝及其边缘上开孔及焊接
    B. 温度取源部件在压力取源部件的上游侧
    C. 安装取源部件的开孔与焊接必须在工艺管道或设备的防腐、衬里、吹扫和压力试验前进行
    D. 当取源部件设置在管道的下半部与管道水平中心线成0°～45°夹角范围内时，其测量的参数可以是蒸汽压力
    E. 当取源部件设置在管道的上半部与管道水平中心线成0°～45°夹角范围内时，其测量的参数可以是液体流量

考点 2　自动化仪表系统调试要求【重要】

【单选】用于仪表校准和试验的标准仪器、仪表应具备有效的计量检定合格证书，其基本误差的绝对值，不宜超过被校准仪表基本误差绝对值的（　　）。
A. 1/2
B. 1/3
C. 2/3
D. 3/4

第五节 防腐蚀与绝热工程施工技术

■ 知识脉络

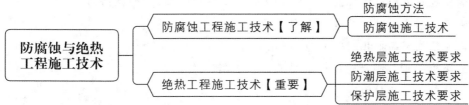

考点 1 防腐蚀工程施工技术【了解】

1. 【多选】下列防腐蚀施工表面处理的方法中,属于化学处理的有（   ）。
   A. 化学脱脂　　　　　　　　　B. 浸泡脱脂
   C. 喷射　　　　　　　　　　　D. 抛丸
   E. 喷淋脱脂

2. 【多选】下列防腐蚀施工表面处理的方法中,属于转化处理的有（   ）。
   A. 磷化　　　　　　　　　　　B. 铬酸盐钝化
   C. 钝化　　　　　　　　　　　D. 钢丝刷
   E. 电动砂轮

3. 【单选】金属表面处理等级为 Sa2.5 级的除锈方式是（   ）。
   A. 手工除锈　　　　　　　　　B. 喷射处理
   C. 火焰除锈　　　　　　　　　D. 化学处理

4. 【多选】喷射处理质量等级分为（   ）。
   A. Sa1　　　　　　　　　　　B. Sa2
   C. Sa2.5　　　　　　　　　　D. Sa3
   E. Sa4

5. 【多选】工具处理等级分为（   ）。
   A. St2　　　　　　　　　　　B. St3
   C. Sa1　　　　　　　　　　　D. Sa2
   E. Sa3

考点 2 绝热工程施工技术【重要】

1. 【单选】设备硬质保温层的拼缝不应大于（   ）。
   A. 2mm　　　　　　　　　　　B. 5mm
   C. 7mm　　　　　　　　　　　D. 8mm

2. 【多选】设备保温层施工时,其保温制品的层厚大于 100mm 时,应分两层或多层施工,其施工要点有（   ）。
   A. 逐层施工　　　　　　　　　B. 同层错缝

C. 上下层压缝
D. 保温层拼缝宽度不应大于5mm
E. 水平管道的纵向接缝位置,应布置在管道垂直中心线45°范围内

3. 【多选】关于管道保温层施工的做法,错误的有(   )。
   A. 采用预制块做保温层时,同层要错缝,异层要压缝
   B. 硬质绝热制品捆扎间距不应大于400mm
   C. 水平管道的纵向接缝位置,要布置在管道垂直中心线45°的范围内
   D. 每块绝热制品上的捆扎件不得少于两道
   E. 对软质绝热制品捆扎间距宜为300mm

4. 【单选】下列关于防潮层施工技术要求,说法错误的是(   )。
   A. 防潮层封口处应封闭
   B. 室外施工不宜在雨雪天或阳光暴晒中进行
   C. 防潮层外不得设置钢丝、钢带等硬质捆扎件
   D. 设备筒体、管道上的防潮层应间断施工

5. 【单选】防潮层胶泥涂抹的厚度每层一般为(   ),施工时依据设计文件的要求确定。
   A. 0.5mm   B. 0.8mm
   C. 1mm   D. 2~3mm

6. 【单选】当防潮层采用玻璃纤维布复合胶泥涂抹施工时,立式设备和垂直管道的环向接缝,应为(   )。
   A. 上下搭接
   B. 两侧搭接
   C. 缝口朝下
   D. 缝口朝上

7. 【多选】下列接缝形式中,用于绝热工程金属保护层施工的有(   )。
   A. 搭接形式
   B. 对接形式
   C. 插接形式
   D. 咬接形式
   E. 嵌接形式

8. 【多选】下列关于静置设备的金属保护层施工要求的说法,错误的有(   )。
   A. 金属保护层应自上而下敷设
   B. 环向接缝宜采用咬接
   C. 纵向接缝宜采用插接
   D. 搭接或插接尺寸应为30~50mm
   E. 平顶设备顶部绝热层的金属保护层,应按设计规定的坡度进行施工

第六节 石油化工设备安装技术

■ 知识脉络

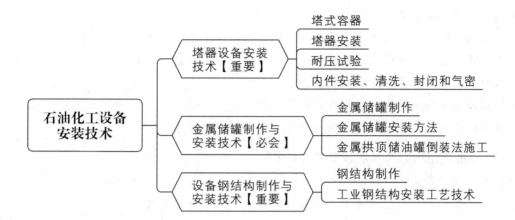

考点 1 塔器设备安装技术【重要】

1.【单选】不属于塔器组成的是（　　）。
   A. 筒体　　　　B. 封头　　　　C. 支座　　　　D. 顶板

2.【单选】下列不属于塔器设备的到货状态的是（　　）。
   A. 整体到货　　　　　　　　　B. 分段到货
   C. 分片到货　　　　　　　　　D. 分带到货

3.【单选】关于塔器水压试验的说法，正确的是（　　）。
   A. 在塔器最高点设置一块压力表
   B. 压力表精度不低于1.6级
   C. 压力表量程不低于1.5倍且不高于2倍试验压力
   D. 试验压力以装设在设备最低处的压力表读数为准

考点 2 金属储罐制作与安装技术【必会】

1.【单选】关于金属储罐正装法，说法错误的是（　　）。
   A. 罐壁板自下而上依次组装焊接
   B. 外搭脚手架正装法，脚手架随罐壁板升高而逐层搭设
   C. 内挂脚手架正装法，一台储罐施工宜用2～3层作业平台，从下至上交替使用
   D. 外搭脚手架正装法在壁板内侧沿圆周挂上一圈三脚架

2.【多选】关于倒装法，说法正确的有（　　）。
   A. 罐底板铺设后，先完成底板边缘板外侧300mm对接焊缝的焊接，并进行无损检测
   B. 组装焊接顶层壁板及包边角钢，组装焊接罐顶
   C. 采用中心柱组装法提升工艺提升罐顶
   D. 自下而上依次组装焊接每层壁板，直至顶层壁板
   E. 完成底板中幅板焊接、大角缝焊接，最后完成伸缩缝焊接

3. 【单选】关于储罐拱顶焊接，说法错误的是（   ）。
   A. 先焊内侧断续焊，后焊外部连续焊
   B. 先焊环向短缝，再焊径向长缝
   C. 由外向拱顶中心分段退步焊
   D. 包边角钢与顶板的环缝，焊工均布，沿同一方向分段退步焊

4. 【多选】关于储罐试验，说法正确的有（   ）。
   A. 罐底板的所有焊缝采用真空箱试漏法进行严密性试验
   B. 罐壁的严密性和强度试验采用注水到设计要求的充水高度静置 24h
   C. 罐顶处正压时在罐顶涂以肥皂水检查
   D. 罐顶处正压和负压试验后立即将罐顶孔开启
   E. 罐顶的严密性试验、强度试验和稳定性试验前封闭罐

考点 3　设备钢结构制作与安装技术【重要】

1. 【单选】金属结构安装一般程序为（   ）。
   A. 钢柱安装→支撑安装→梁安装→围护结构安装→平台板安装
   B. 钢柱安装→支撑安装→梁安装→平台板安装→围护结构安装
   C. 钢柱安装→梁安装→支撑安装→平台板安装→围护结构安装
   D. 钢柱安装→支撑安装→围护结构安装→梁安装→平台板安装

2. 【单选】钢结构制作和安装单位应按规定分别进行高强度螺栓、连接摩擦面的（   ）试验。
   A. 扭矩系数　　　　　　　　　B. 紧固轴力
   C. 弯矩系数　　　　　　　　　D. 抗滑移系数

3. 【多选】下列关于钢结构安装要求，说法正确的有（   ）。
   A. 钢结构制作和安装单位，应分别进行高强度螺栓、连接摩擦面的抗滑移系数试验
   B. 高强度螺栓连接处的摩擦面采用手工砂轮打磨时，打磨方向应与受力方向水平，且打磨范围不应小于螺栓孔径的 4 倍
   C. 经处理后的摩擦面应采取保护措施，不得在摩擦面上做标记
   D. 高强度大六角头螺栓连接副应由一个螺栓、一个螺母和两个垫圈组成
   E. 多节柱安装时，每节柱的定位轴线应从地面控制轴线直接引上，不得从下层柱的轴线引上

第七节　发电设备安装技术

知识脉络

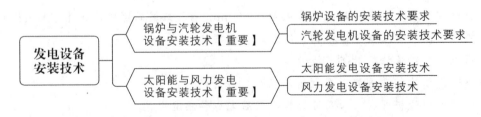

考点 1　锅炉与汽轮发电机设备安装技术【重要】

1. 【多选】下列属于锅炉中的炉的组成有（　　）。
   A. 炉前煤斗　　　　　　　　　　　B. 过热器
   C. 省煤器　　　　　　　　　　　　D. 燃烧器
   E. 预热器

2. 【单选】高温高压锅炉一般采用的主要蒸发受热面是（　　）。
   A. 管式水冷壁　　　　　　　　　　B. 膜式水冷壁
   C. 对流管束　　　　　　　　　　　D. 过热器

3. 【多选】水冷壁的主要作用有（　　）。
   A. 吸收炉膛内的高温辐射热量以加热工质　　B. 使烟气得到冷却
   C. 保护炉墙　　　　　　　　　　　D. 保证蒸汽品质
   E. 比采用对流管束节省钢材

4. 【单选】锅炉组件找正时，用（　　）检查立柱中心位置。
   A. 拉钢卷尺　　　　　　　　　　　B. 拉对角线
   C. 水准仪　　　　　　　　　　　　D. 水平仪

5. 【单选】锅炉受热面施工中横卧式组合方式的缺点是（　　）。
   A. 钢材耗用量大　　　　　　　　　B. 可能造成设备变形
   C. 不便于组件的吊装　　　　　　　D. 安全状况较差

6. 【单选】锅炉炉墙砌筑完成后要进行烘炉，烘炉目的是（　　）。
   A. 清除锅内的铁锈、油脂和污垢
   B. 避免受热面结垢而影响传热
   C. 使锅炉砖墙缓慢干燥，在使用时不致损裂
   D. 防止受热面烧坏

7. 【单选】下列设施中，不在蒸汽管路锅炉吹管范围的是（　　）。
   A. 汽包　　　　　　　　　　　　　B. 锅炉过热器、再热器
   C. 减温水管系统　　　　　　　　　D. 过热蒸汽管道

8. 【单选】下列有关锅炉试运行的说法中，不正确的是（　　）。
   A. 锅炉试运行在煮炉前进行
   B. 锅炉试运行启动时升压应缓慢，尽量减小壁温差
   C. 检查人孔、焊口、法兰等部件，发现有泄漏及时处理
   D. 观察各联箱汽包钢架支架等的热膨胀及其位移是否正常

9. 【多选】汽轮机按照工作原理划分，分为（　　）。
   A. 凝汽式汽轮机　　　　　　　　　B. 冲动式汽轮机
   C. 反动式汽轮机　　　　　　　　　D. 轴流式汽轮机
   E. 抽气式汽轮机

10. 【单选】汽轮发电机是由（　　）和转子组成的。
    A. 绕组　　　　　　　　　　　　　B. 定子
    C. 护环　　　　　　　　　　　　　D. 风扇

11.【多选】下列属于汽轮机本体的静止部分的有（　　）。
　　A. 汽缸　　　　　　　　　　　　　B. 喷嘴组
　　C. 联轴器　　　　　　　　　　　　D. 轴承
　　E. 止推盘

12.【单选】转子测量不包括（　　）。
　　A. 轴颈椭圆度和不柱度的测量　　　B. 转子跳动测量
　　C. 转子弯曲度测量　　　　　　　　D. 转子不平度测量

13.【单选】关于轴系对轮中心找正，说法正确的是（　　）。
　　A. 以高压转子为基准
　　B. 对轮找中心都以空缸状态进行调整
　　C. 各对轮找中时的圆周偏差和端面偏差符合制造厂技术要求
　　D. 一次对轮中心找正达到要求

14.【多选】汽轮机低压外下缸组合时，气缸找中心的基准可以采用（　　）。
　　A. 激光　　　　　　　　　　　　　B. 拉钢丝
　　C. 假轴　　　　　　　　　　　　　D. 转子
　　E. 两台跑车

15.【单选】发电机转子穿装，不同的机组有不同的穿转子方法，可采用（　　）方法。
　　A. 滑道式　　　　　　　　　　　　B. 液压提升
　　C. 液压顶升平移　　　　　　　　　D. 专用吊装架

16.【多选】发电机转子穿装工艺要求有（　　）。
　　A. 转子穿装前进行单独气密性试验
　　B. 经漏气量试验
　　C. 发电机转子穿装后对定子和转子进行清扫检查
　　D. 转子穿装应在完成机务、电气与热工仪表的各项工作后进行
　　E. 转子穿装可以采用滑道式方法

考点 2　太阳能与风力发电设备安装技术【重要】

1.【单选】光伏发电设备安装中，不使用的支架是（　　）。
　　A. 固定支架　　　B. 滑动支架　　　C. 跟踪式支架　　　D. 可调支架

2.【多选】风力发电设备主要包括（　　）等。
　　A. 塔架　　　　　　　　　　　　　B. 机舱
　　C. 汇流箱　　　　　　　　　　　　D. 轮毂
　　E. 逆变器

3.【多选】下列关于风力发电的说法，正确的有（　　）。
　　A. 风力发电设备按照安装的区域可分为陆地风力发电设备和海上风力发电设备
　　B. 风力发电厂一般由多台风机组成，每台风机构成一个独立的发电单元
　　C. 陆地风力发电设备多安装在山地、草原等风力集中的地区，最大单机容量为 6MW
　　D. 按照由下至上的吊装顺序进行塔筒的安装
　　E. 海上风力发电设备多安装在滩头和浅海等地区，最大单机容量为 5MW，施工环境和施

工条件普遍比较差

4.【单选】下列关于光伏发电设备的安装程序,说法正确的是(   )。
　A. 设备检查→光伏支架安装→汇流箱安装→光伏组件安装→逆变器安装→电气设备安装
　B. 设备检查→光伏支架安装→光伏组件安装→汇流箱安装→逆变器安装→电气设备安装
　C. 设备检查→光伏支架安装→光伏组件安装→汇流箱安装→电气设备安装→逆变器安装
　D. 设备检查→光伏组件安装→光伏支架安装→汇流箱安装→逆变器安装→电气设备安装

5.【单选】风力发电设备的安装程序中,塔架安装的紧后工作是(   )。
　A. 电气柜安装　　　B. 机舱安装　　　C. 锚栓安装　　　D. 叶轮安装

6.【多选】光伏组件之间的接线在组串后应进行光伏组件串的(   )测试,施工时严禁接触组串的金属带电部位。
　A. 开路电压　　　　　　　　　　　　B. 开路电流
　C. 短路电流　　　　　　　　　　　　D. 短路电压
　E. 绝缘电阻

7.【单选】塔筒分多段供货,按照(   )的吊装顺序进行塔筒的安装。
　A. 由上至下　　　　　　　　　　　　B. 由下至上
　C. 由左至右　　　　　　　　　　　　D. 由右至左

第八节　冶炼设备安装技术

■ 知识脉络

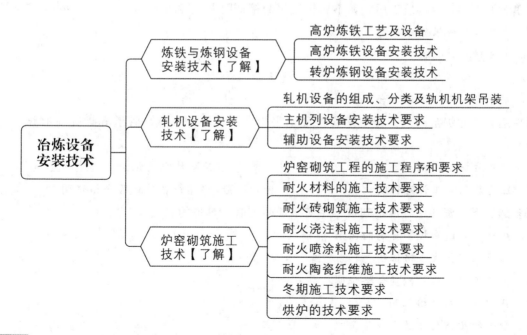

考点 1　炼铁与炼钢设备安装技术【了解】

【单选】转炉原料供应系统包括(   )。
　A. 转炉本体　　　　　　　　　　　　B. 倾动装置

C. 出钢、出渣及钢水精炼 D. 铁水倒罐站

考点 2　轧机设备安装技术【了解】

【单选】下列不属于轧机机架吊装方法的是（　　）。
A. 行车吊装法 B. 移动式起重机吊装法
C. 接轴法 D. 专用起重装置吊装法

考点 3　炉窑砌筑施工技术【了解】

1. 【单选】下列耐火材料中，属于酸性耐火材料是（　　）。
   A. 高铝砖 B. 镁铝砖
   C. 硅砖 D. 白云石砖

2. 【单选】下列耐火材料中，属于碱性耐火材料是（　　）。
   A. 硅砖 B. 锆英砂砖
   C. 刚玉砖 D. 镁铝砖

3. 【多选】下列耐火材料，属于按耐火度分类的有（　　）。
   A. 普通耐火材料 B. 高级耐火材料
   C. 特级耐火材料 D. 定形耐火材料
   E. 不定形耐火材料

4. 【单选】下列耐火材料中，属于中性耐火材料是（　　）。
   A. 高铝砖 B. 镁铝砖
   C. 硅砖 D. 白云石砖

5. 【单选】下列炉窑砌筑工序中，不属于工序交接证明书内容的是（　　）。
   A. 上道工序成果的保护要求
   B. 耐火材料的验收
   C. 炉子中心线及控制标高测量记录
   D. 炉子可动部分试运转合格证明

6. 【单选】工业炉窑砌筑工程工序交接证明书中，炉体冷却装置、管道和炉壳应有试压记录及（　　）。
   A. 超声波探伤记录 B. X射线探伤记录
   C. 压力容器施工许可证明 D. 焊接严密性试验合格证明

7. 【多选】下列资料中，属于砌筑工序交接证明书必须具备的有（　　）。
   A. 炉子中心线和控制标高的记录
   B. 隐蔽工程验收合格证明
   C. 托砖板焊接质量检查合格证明
   D. 锚固件材质合格证明
   E. 炉体的几何尺寸的复查记录

8. 【单选】下列不属于静态式炉窑砌筑与动态炉窑的不同之处有（　　）。
   A. 必须进行无负荷试运转
   B. 起始点一般选择自下而上的顺序

C. 炉窑静止不能转动，每次环向缝一次可完成

D. 起拱部位应从两侧向中间砌筑，并需采用拱胎压紧固定

9.【多选】下列关于耐火喷涂料施工技术要求的说法，错误的有（　　）。

A. 喷涂方向与受喷面成 60°~75° 夹角

B. 大面积喷涂应分单元连续进行

C. 喷涂料应采用半干法喷涂

D. 施工中断时，宜将接槎处做成直槎

E. 喷嘴与喷涂面的距离宜为 2m，喷嘴应不断地进行螺旋式移动，使粗细颗粒分布均匀

10.【单选】工业炉窑烘炉前应完成的工作是（　　）。

　　A. 对炉体预加热　　　　　　　　B. 烘干烟道和烟囱

　　C. 烘干物料通道　　　　　　　　D. 烘干送风管道

PART 2 第二篇
机电工程相关法规与标准

学习计划：

扫码做题
熟能生巧

山重水复疑无路
柳暗花明又一村

第五章 相关法规

第一节 计量的规定

知识脉络

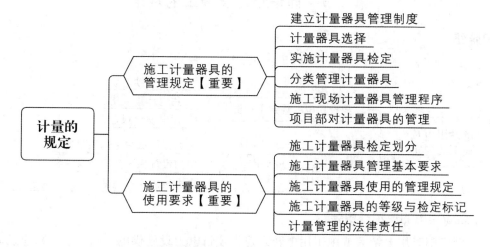

考点 1 施工计量器具的管理规定【重要】

1. 【单选】根据《计量器具分类管理办法》，属于 A 类计量器具的是（　　）。
   A. 电能表　　　　　　　　　　B. 电压表
   C. 电流表　　　　　　　　　　D. 欧姆表

2. 【单选】下列属于 C 类计量器具的是（　　）。
   A. 卡尺　　　　　　　　　　　B. 钢直尺
   C. 塞尺　　　　　　　　　　　D. 直角尺

3. 【多选】项目经理部计量管理员对施工使用的计量器具进行现场跟踪管理，工作内容包括（　　）。
   A. 建立现场使用计量器具台账
   B. 负责现场使用计量器具周期送检
   C. 使用计量器具
   D. 负责现场巡视计量器具的完好状态
   E. 负责检定计量器具

考点 2 施工计量器具的使用要求【重要】

1. 【单选】下列施工计量器具中，属于强制性检定范畴的是（　　）。
   A. 电压表　　　　　　　　　　B. 电流表
   C. 欧姆表　　　　　　　　　　D. 电能表

2. 【多选】企业、事业单位计量标准器具的使用,必须具备的条件有（　　）。
   A. 经计量检定合格
   B. 具有称职的保存、维护、使用人员
   C. 具有相关赔偿制度
   D. 具有正常工作所需要的环境条件
   E. 具有完善的管理制度

第二节　建设用电及施工的规定

■ 知识脉络

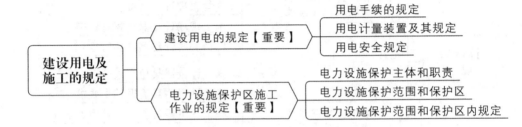

考点 1　建设用电的规定【重要】

1. 【单选】施工临时用电结束或施工用电转入建设项目电力设施供电,则（　　）应及时向供电部门办理终止用电手续。
   A. 设计单位
   B. 建设单位
   C. 总承包单位
   D. 监理单位

2. 【多选】《中华人民共和国电力法》规定,应当依照规定的程序办理手续的情形有（　　）。
   A. 申请新装用电
   B. 改变用电电压
   C. 终止用电
   D. 申请临时用电
   E. 减少用电容量

3. 【多选】对不具备安装用电计量装置的,可按（　　）计收电费。
   A. 用电容量
   B. 使用时间
   C. 用电电流
   D. 规定的电价
   E. 用电电压

考点 2　电力设施保护区施工作业的规定【重要】

1. 【单选】220kV 的架空电力线路的边线延伸距离是（　　）。
   A. 5m
   B. 10m
   C. 15m
   D. 20m

2. 【单选】下面关于编制电力施工方案的说法中,错误的是（　　）。
   A. 在编制施工方案时,尽量邀请电力管理部门或电力设施管理部门派员参加
   B. 在施工方案中应专门制定保护电力设施的安全技术措施,并写明要求
   C. 施工方案编制完成报经监理部门批准后执行
   D. 在作业时请电力设施的管理部门派员监管

第三节 特种设备的规定

知识脉络

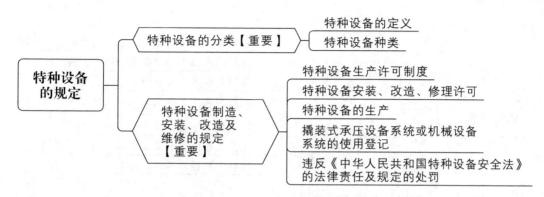

考点 1 特种设备的分类【重要】

1. 【单选】下列选项中不属于特种设备的是（　　）。
   A. 锅炉
   B. 储气罐
   C. 电梯
   D. 风机

2. 【单选】下列选项中属于 GB 类管道的是（　　）。
   A. 工艺管道
   B. 动力管道
   C. 燃气管道
   D. 长输油管道

考点 2 特种设备制造、安装、改造及维修的规定【重要】

1. 【多选】关于承压类特种设备许可制度的说法，正确的有（　　）。
   A. 固定式压力容器安装不单独许可
   B. 各类气瓶安装无需许可
   C. 压力容器改造需单独许可
   D. 压力容器重大修理需单独许可
   E. 锅炉安装许可由国家市场监督管理部门实施

2. 【单选】对电梯质量以及安全运行涉及的质量问题负责的单位是（　　）。
   A. 电梯维修单位
   B. 电梯安装单位
   C. 电梯制造单位
   D. 电梯设计单位

3. 【多选】特种设备的安全技术档案包括（　　）。
   A. 监督检验证明
   B. 低耗能设备能效测试报告
   C. 日常培训记录
   D. 安装技术文件
   E. 安装及使用维修保养说明

第六章 相关标准

知识脉络

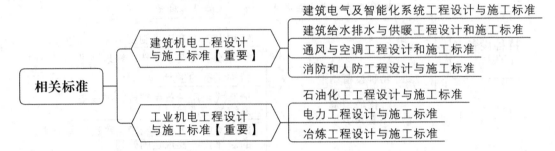

考点 1 建筑机电工程设计与施工标准【重要】

1. 【单选】关于建筑电气及智能化系统工程设计与施工标准,说法错误的是( )。
   A. 周界设置入侵探测器时,应构成连续无间断的警戒线(面),每个独立防区长度不宜大于200m
   B. 智能化各系统试运行中如出现系统故障,应在排除故障后,重新开始试运行直至满150h
   C. 电气设备上的计量仪表、与电气保护有关的仪表应检定合格
   D. 照明、电力、消防及其他防灾用电负荷,宜分别自成配电系统

2. 【单选】关于建筑给水排水与供暖工程设计和施工标准,说法错误的是( )。
   A. 自建供水设施的供水管道严禁与城镇供水管道直接连接
   B. 居住建筑热水配水点出水温度达到最低出水温度的出水时间分别不应大于10s
   C. 化粪池与地下取水构筑物的净距不得小于30m
   D. 地面下敷设的低温热水地板辐射采暖盘管埋地部分不应有接头

3. 【多选】建筑运行期间,碳排放计算范围包括( )。
   A. 材料运输的碳排放量
   B. 锅炉生产的碳排放量
   C. 暖通空调的碳排放量
   D. 照明系统的碳排放量
   E. 可再生能源的排放量

4. 【单选】关于消防和人防工程设计与施工标准,说法错误的是( )。
   A. 消防车道的边缘距离取水点不宜大于2m
   B. 当泡沫消防水泵出口管道口径大于300mm时,不宜采用手动阀门
   C. 灭火剂储存容器宜涂红色油漆
   D. 公共建筑的浴室应采取防止回流的措施并宜在支管上设置公称动作温度为150℃的防火阀

考点 2 工业机电工程设计与施工标准【重要】

1. 【单选】关于《石油化工静设备安装工程施工质量验收规范》(GB 50461—2008),描述错

误的是（　　）。

A. 设备支座的底面作为安装标高的基准

B. 立式设备两侧水平方位线作为设备垂直度测量基准

C. 压力容器的焊接接头进行100%射线或超声检测

D. 非压力容器的焊接接头进行25%射线或超声检测

2.【单选】汇流箱进线端及出线端与汇流箱地端绝缘电阻不应小于（　　）。

A. 10MΩ 　　　　　　　　　　B. 15MΩ

C. 5MΩ 　　　　　　　　　　 D. 20MΩ

PART 3 第三篇 机电工程项目管理实务

学习计划：

扫码做题
熟能生巧

不负时光　砥砺前行

第七章 机电工程企业资质与施工组织

■ 知识脉络

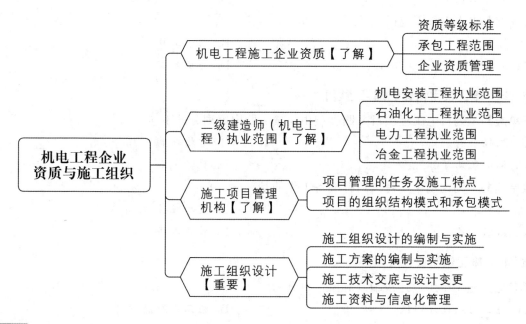

考点 1 机电工程施工企业资质【了解】

1.【单选】下列不属于机电工程施工总承包资质标准要求的是（　　）。
   A. 企业的净资产　　　　　　　　　　B. 企业的主要人员配置
   C. 企业的工程业绩　　　　　　　　　D. 企业营业执照

2.【单选】下列关于机电工程施工总承包二级资质标准的说法，错误的是（　　）。
   A. 企业的净资产 4000 万元以上
   B. 机电工程专业一级注册建造师不少于 5 人
   C. 技术负责人具有 8 年以上从事工程施工技术管理工作经历
   D. 企业近 5 年承担过单项合同额 1000 万元以上的机电工程施工总承包工程 2 项

3.【单选】下列关于承包工程范围的说法，错误的是（　　）。
   A. 机电工程一级资质可承担各类机电工程的施工
   B. 机电工程二级资质可承担单项合同额 3000 万元以下的机电工程施工
   C. 机电工程三级资质可承担单项合同额 1000 万元以下的机电工程施工
   D. 输变电工程二级资质可承担 220kV 以下电压等级的送电线路和变电站工程的施工

考点 2 二级建造师（机电工程）执业范围【了解】

1.【单选】下列工程中，不属于机电安装工程专业建造师执业范围的是（　　）。
   A. 水电工程　　　　　　　　　　　　B. 环保工程
   C. 电子工程　　　　　　　　　　　　D. 净化工程

2. 【单选】化工医药工程属于（　　）。
   A. 机电安装工程　　　　　　　　B. 石油化工工程
   C. 冶炼工程　　　　　　　　　　D. 电力工程
3. 【单选】制氧工程属于（　　）。
   A. 石油化工　　　　　　　　　　B. 冶炼工程
   C. 电力工程　　　　　　　　　　D. 机电安装工程
4. 【单选】电力工程不包括（　　）。
   A. 核电工程　　　　　　　　　　B. 电子工程
   C. 风电工程　　　　　　　　　　D. 送变电工程

考点 3　施工项目管理机构【了解】

1. 【单选】下列机电工程项目采购类型中，按采购内容划分的不包括（　　）。
   A. 工程采购　　　　　　　　　　B. 货物采购
   C. 询价采购　　　　　　　　　　D. 服务采购
2. 【单选】下列选项中不是试运行准备工作的是（　　）。
   A. 人员准备　　　　　　　　　　B. 技术准备
   C. 组织准备　　　　　　　　　　D. 物资准备

考点 4　施工组织设计【重要】

1. 【多选】施工组织设计按编制对象，可分为（　　）。
   A. 施工组织设计图纸　　　　　　B. 施工组织总设计
   C. 临时用电施工组织设计　　　　D. 单位工程施工组织设计
   E. 分部（分项）工程施工组织设计
2. 【单选】施工现场临时用电设备在（　　）台及以上或设备总容量在（　　）及以上者，应编制临时用电施工组织设计，应在临电工程开工前编制完成。
   A. 5；50kW　　　　　　　　　　B. 8；80kW
   C. 5；80kW　　　　　　　　　　D. 8；50kW
3. 【单选】（　　）是编制单位工程和分部（分项）工程施工组织设计的依据。
   A. 施工组织总设计　　　　　　　B. 施工方案
   C. 单位工程施工组织设计　　　　D. 专业施工组织设计
4. 【单选】（　　）是以若干单位工程组成的群体工程或特大型项目为主要对象编制，对整个项目的施工过程起统筹规划、重点控制的作用。
   A. 单位工程施工组织设计　　　　B. 分部（分项）工程施工组织设计
   C. 临时用电施工组织设计　　　　D. 施工组织总设计
5. 【多选】施工组织设计的编制依据包括（　　）。
   A. 工程设计文件　　　　　　　　B. 与工程有关的资源供应情况
   C. 施工企业的生产能力　　　　　D. 国家现行有关标准和技术经济指标
   E. 监理大纲

6. 【多选】施工组织设计的基本内容包括（   ）。
   A. 工程概况　　　　　　　　　　　B. 主要施工方案
   C. 施工现场平面布置　　　　　　　D. 施工进度计划及保证措施
   E. 施工部署

7. 【单选】单位工程施工组织设计由（   ）审批。
   A. 施工单位技术负责人　　　　　　B. 建设单位项目负责人
   C. 总监理工程师　　　　　　　　　D. 施工单位负责人

8. 【单选】施工组织设计应由（   ）主持编制，可根据需要分阶段编制和审批。
   A. 项目负责人　　　　　　　　　　B. 施工单位技术负责人
   C. 项目技术负责人　　　　　　　　D. 总监理工程师

9. 【多选】施工方案的类型，按方案所指导的内容可分为（   ）。
   A. 专业工程施工方案　　　　　　　B. 施工组织设计
   C. 危大工程安全专项施工方案　　　D. 单位工程施工组织设计
   E. 分部工程施工组织设计

10. 【单选】（   ）是指组织专业工程（含多专业配合工程）实施为目的，用于指导专业工程施工全过程各项施工活动需要而编制的工程技术方案。
    A. 专业工程施工方案　　　　　　　B. 施工组织设计
    C. 危大工程安全专项施工方案　　　D. 单位工程施工组织设计

11. 【多选】施工方案应遵循（   ）兼顾的原则。
    A. 先进性　　　　　　　　　　　　B. 可行性
    C. 经济性　　　　　　　　　　　　D. 复杂性
    E. 多发性

12. 【单选】安全专项施工方案应由（   ）组织本单位施工技术、安全、质量等部门的专业技术人员进行审核。
    A. 建设单位技术部门　　　　　　　B. 设计单位
    C. 监理单位　　　　　　　　　　　D. 施工单位技术部门

13. 【多选】施工方案的编制内容包括（   ）。
    A. 工程概况　　　　　　　　　　　B. 编制依据
    C. 施工进度计划　　　　　　　　　D. 施工总平面布置
    E. 主要分部分项工程施工工艺

14. 【多选】下列属于施工技术交底的依据的有（   ）。
    A. 项目质量策划　　　　　　　　　B. 施工组织设计
    C. 专项施工方案　　　　　　　　　D. 工程设计文件
    E. 竣工资料

15. 【单选】施工技术交底的类型不包括（   ）。
    A. 项目总体交底　　　　　　　　　B. 设计交底与图纸会审
    C. 施工组织设计交底　　　　　　　D. 安全技术交底

16. 【单选】对于重要的技术交底，其交底应经过（　　）审核或批准。
    A. 项目质量负责人　　　　　　　　B. 项目安全负责人
    C. 项目技术负责人　　　　　　　　D. 项目经理

17. 【多选】下列工程变更中，属于重大设计变更的有（　　）。
    A. 工艺方案变化　　　　　　　　　B. 增加单项工程
    C. 扩大设计规模　　　　　　　　　D. 工程投资影响较小
    E. 局部改进、完善

18. 【单选】下列属于一般设计变更的是（　　）。
    A. 增加的费用超出批准的基础设计概算的变更
    B. 不改变工艺流程
    C. 因扩大设计规模提出的设计变更
    D. 增加原批准概算中没有列入的单项工程的变更

19. 【单选】设计单位发出设计变更，（　　）工程师组织总监理工程师、造价工程师论证变更影响。
    A. 建设单位　　　　　　　　　　　B. 设计单位
    C. 监理单位　　　　　　　　　　　D. 施工单位

20. 【多选】机电工程项目施工技术资料与竣工档案的特征有（　　）。
    A. 真实性　　　　　　　　　　　　B. 有效性
    C. 完整性　　　　　　　　　　　　D. 使用性
    E. 阶段性

21. 【单选】下列选项中属于机电工程项目施工技术文件内容的是（　　）。
    A. 工程准备阶段文件　　　　　　　B. 监理文件
    C. 竣工验收文件　　　　　　　　　D. 技术交底记录

22. 【单选】施工技术资料文件的保存应以（　　）为基本单位进行保存。
    A. 单位工程　　　　　　　　　　　B. 分部工程
    C. 子分部工程　　　　　　　　　　D. 分项工程

23. 【单选】关于机电工程项目竣工档案管理要求，错误的是（　　）。
    A. 一项建设工程由多个单位工程组成时，工程文件应按单项工程组卷
    B. 所有竣工图应由施工单位逐张加盖竣工图章
    C. 机电工程项目竣工档案一般不少于两套
    D. 纸质版与电子版竣工图中每一份图纸的签署者、日期应一致

第八章 施工招标投标与合同管理

■ 知识脉络

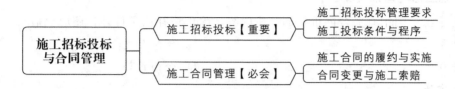

考点 1　施工招标投标【重要】

1. 【多选】下列属于可以邀请招标的机电工程项目的有（　　）。
   A. 涉及国家安全的项目
   B. 全部或者部分使用国有资金投资或国家融资的项目
   C. 涉及国家秘密的项目
   D. 技术复杂、有特殊要求或者受自然环境限制，只有少量潜在投标人可供选择的项目
   E. 大型基础设施项目

2. 【多选】机电工程项目招标的方式可分为（　　）。
   A. 选择性招标　　　　　　　　　　B. 邀请招标
   C. 议标　　　　　　　　　　　　　D. 公开招标
   E. 以上均可

3. 【单选】关于机电工程招标投标管理要求，下列说法正确的是（　　）。
   A. 投标文件应当对招标文件提出的实质性要求和条件作出响应
   B. 投标人少于5个的，招标人应当重新招标
   C. 投标人提交包括最终技术方案和投标报价的投标文件应当在第一阶段提出
   D. 招标人可以自行决定是否编制标底，规定最低投标限价

4. 【多选】下列属于专业资格审查内容的有（　　）。
   A. 类似工程业绩　　　　　　　　　B. 人员状况
   C. 履行合同任务而配备的施工装备　D. 财务状况
   E. 基本资格审查

5. 【多选】对招标的机电工程应认真调研的重点包括（　　）。
   A. 工程所在地的地方法律法规及特殊政策
   B. 工程所在地劳动力资源
   C. 材料设备供应情况
   D. 评标办法
   E. 当地的施工条件

6. 【单选】投标报价的基础和前提是（　　）。
   A. 施工组织设计　　　　　　　　　B. 施工进度计划

C. 施工质量标准 D. 施工安全措施

7. 【多选】根据功能的不同,电子招标投标系统可分为(   )。
   A. 交易平台 B. 公共服务平台
   C. 市场监督平台 D. 行政监督平台
   E. 公众监督平台

考点 2　施工合同管理【必会】

1. 【多选】施工合同中有关合同价款的分析内容,除价格补偿条件外,还应包括(   )。
   A. 工期要求 B. 合同变更
   C. 索赔程序 D. 合同价格
   E. 计价方法

2. 【多选】分析合同条件和漏洞,对有争议的内容制定对策,合同分析的重点内容包括(   )。
   A. 合同的法律基础,承包人的主要责任,工程范围,发包人的责任
   B. 合同价格,计价方法和价格补偿条件
   C. 工期要求和顺延及其惩罚条款
   D. 合同变更方式
   E. 招标方式的分类

3. 【单选】合同管理人员在对合同的主要内容进行分析、解释和说明的基础上,组织(   )与项目有关人员进行交底。
   A. 建设单位 B. 设计单位
   C. 分包单位 D. 监理单位

4. 【单选】根据合同实施偏差问题的分析结果,制定并采取调整措施。调整措施不包括(   )。
   A. 技术措施 B. 经济措施
   C. 组织措施 D. 管理措施

5. 【单选】下列关于总承包方的管理,说法错误的是(   )。
   A. 总承包方对分包方及分包工程,只进行施工准备的管理
   B. 总承包方应派代表对分包方进行管理
   C. 总承包方按施工合同约定,为分包方的合同履行提供现场平面布置、临时设施、轴线及标高测量等方面的必要服务
   D. 总承包方或其主管部门应及时检查、审核分包方提交的文件资料,提出审核意见并批复

6. 【单选】分包方经自行检验合格后,应事先通知(   )组织预验收,认可后再由总承包单位报请建设单位组织检查验收。
   A. 设计单位 B. 监理单位
   C. 总承包方 D. 供货单位

7. 【单选】分包方的履行与管理的内容,不包括(   )。
   A. 分包单位不得再次把工程转包给其他单位
   B. 编制分包工程施工方案

C. 及时向总承包方提供分包工程的有关资料

D. 为分包方提供必要的服务

8.【单选】合同变更的范围不包括（　　）。

A. 增加或减少合同中任何工作

B. 追加额外的工作

C. 取消合同中任何工作，但转由其他人实施

D. 改变合同中任何工作的质量标准或其他特性

9.【多选】下列属于合同变更原因的有（　　）。

A. 发包方的变更指令、对工程新的要求

B. 由于设计的错误，必须对设计图纸做修改

C. 政府部门对项目有新的要求

D. 由于合同实施出现问题，必须调整合同目标或修改合同条款

E. 设计图纸微调

10.【多选】下列工程项目索赔发生的原因中，属于不可抗力因素的有（　　）。

A. 合同条文不全　　　　　　　　　B. 设计图纸错误

C. 地震　　　　　　　　　　　　　D. 洪水

E. 战争

11.【多选】关于索赔的分类，属于按索赔目的分类的有（　　）。

A. 费用索赔　　　　　　　　　　　B. 总包方与业主之间的索赔

C. 总包方与分包方之间的索赔　　　D. 总包方与供货商之间的索赔

E. 工期索赔

12.【多选】关于索赔的分类，属于按索赔发生的原因分类的有（　　）。

A. 延期索赔　　　　　　　　　　　B. 施工索赔

C. 商务索赔　　　　　　　　　　　D. 施工加速索赔

E. 工程范围变更索赔

13.【单选】机电工程项目索赔的处理过程中，索赔报告的提交的紧后工作是（　　）。

A. 资料准备　　　　　　　　　　　B. 意向通知

C. 索赔报告的评审　　　　　　　　D. 索赔谈判

14.【单选】关于机电工程项目索赔的处理过程，下列排序中正确的是（　　）。

A. 意向通知→索赔报告的编写→资料准备→索赔报告的提交→索赔报告的评审→索赔谈判→争端的解决

B. 意向通知→资料准备→索赔报告的编写→索赔报告的提交→索赔报告的评审→索赔谈判→争端的解决

C. 意向通知→资料准备→索赔报告的编写→索赔报告的评审→索赔报告的提交→索赔谈判→争端的解决

D. 意向通知→资料准备→索赔报告的编写→索赔报告的提交→索赔谈判→索赔报告的评审→争端的解决

15. 【单选】下列关于索赔成立的前提条件,说法错误的是（   ）。
    A. 与合同对照,事件已造成了承包商工程项目成本的额外支出
    B. 造成费用增加或工期损失的原因,按合同约定不属于承包商的行为责任或风险责任
    C. 承包商按合同规定的程序和时间提交索赔意向通知和索赔报告
    D. 与合同对照,事件已造成了承包商工程项目成本的间接工期损失

第九章　施工进度管理

■ 知识脉络

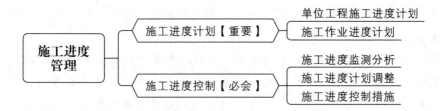

考点 1　施工进度计划【重要】

1.【多选】机电工程采用横道图来表示施工进度计划时的优点有（　　）。
   A. 便于实际进度与计划进度比较
   B. 便于看出影响工期的关键工作
   C. 便于计算劳动力的需要量
   D. 便于计算材料和资金的需要量
   E. 便于施工进度的动态控制

2.【单选】能够明确地表达机电工程项目施工进度计划的各项工作之间的逻辑关系的是（　　）。
   A. 横道图
   B. 网络图
   C. 流水作业图
   D. 线形图

3.【单选】施工作业进度计划编制的根据是（　　）。
   A. 单项工程施工进度计划
   B. 单位工程施工进度计划
   C. 分部工程施工进度计划
   D. 分项工程施工进度计划

4.【单选】在确定各项工程的开竣工时间和相互搭接协调关系时，应考虑的因素不包括（　　）。
   A. 保证重点、兼顾一般
   B. 满足连续均衡施工要求，提高生产率和经济效益
   C. 计划在执行过程中不得变动
   D. 全面考虑各种不利条件的限制和影响

5.【单选】作业进度计划可按（　　）为单元编制。
   A. 单项工程
   B. 单位工程
   C. 分部工程
   D. 分项工程

6.【多选】作业进度计划应具体体现施工顺序安排的合理性，即满足（　　）基本要求。
   A. 先地下后地上
   B. 先深后浅
   C. 先干线后支线
   D. 先大件后小件
   E. 先浅后深

考点 2　施工进度控制【必会】

1. 【多选】影响施工计划进度的原因，下列不属于设计单位的原因的有（　　）。
   A. 施工图纸提供不及时　　　　　　　　B. 图纸修改
   C. 建设资金没有落实　　　　　　　　　D. 工程款不能按时交付
   E. 项目管理混乱

2. 【单选】关于机电工程项目施工进度偏差分析，说法错误的是（　　）。
   A. 若出现进度偏差的工作位于关键线路上，则无论其偏差有多小，都将对后续工作和总工期产生影响
   B. 若工作的进度偏差大于该工作的总时差，此偏差将影响后续工作和总工期
   C. 若工作的进度偏差大于该工作的自由时差，此偏差对后续工作产生影响
   D. 若工作的进度偏差小于或等于该工作的总时差，此偏差对后续工作无影响

3. 【单选】下列进度控制措施中，不属于技术措施的是（　　）。
   A. 施工前应加强图纸审查，严格控制随意变更
   B. 编制施工进度控制工作细则
   C. 审查分包单位提交的进度计划
   D. 建立进度信息沟通网络

第十章 施工质量管理

■ 知识脉络

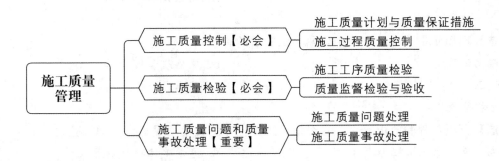

考点 1 施工质量控制【必会】

1.【单选】质量计划的编制原则，以（　　）为依据。
   A. 项目控制　　　　　　　　　　B. 项目策划
   C. 项目管理　　　　　　　　　　D. 施工管理

2.【单选】下列选项中不属于事后控制内容的是（　　）。
   A. 竣工质量检验控制　　　　　　B. 隐蔽工程质量控制
   C. 工程质量文件审核与建档　　　D. 回访和保修

3.【单选】由施工方和监理方质检人员共同检查并确认的是（　　）。
   A. A级控制点　　　　　　　　　　B. B级控制点
   C. C级控制点　　　　　　　　　　D. D级控制点

4.【多选】下列选项中属于工序质量控制的有（　　）。
   A. 工序分析　　　　　　　　　　B. 质量控制点设置
   C. 隐蔽工程质量控制　　　　　　D. 观感质量检验
   E. 检测过程控制

5.【多选】工序分析的步骤中，第三步是制定标准进行管理，应用的方法包括（　　）。
   A. 因果分析图法　　　　　　　　B. 排列图法
   C. 系统图法　　　　　　　　　　D. 矩阵图法
   E. 优选法

考点 2 施工质量检验【必会】

1.【单选】下列选项中不属于现场质量检查方法的是（　　）。
   A. 目测法　　　　　　　　　　　B. 实测法
   C. 量尺法　　　　　　　　　　　D. 试验法

2.【单选】下列选项中不属于现场质量检查的内容的是（　　）。
   A. 施工中的检查　　　　　　　　B. 工序交接检查
   C. 隐蔽工程的检查　　　　　　　D. 停工后复工的检查

3. 【单选】"三检制"中需要专职质量管理人员检查的是（　　）。
   A. 自检　　　　　　　　　　　　B. 专检
   C. 互检　　　　　　　　　　　　D. 全检

4. 【多选】下列属于检验试验计划的编制依据的有（　　）。
   A. 设计图纸　　　　　　　　　　B. 施工质量验收规范
   C. 质量要求　　　　　　　　　　D. 检验试验项目名称
   E. 合同规定内容

5. 【多选】现场质量检查的方法中，属于试验法的有（　　）。
   A. 理化试验　　　　　　　　　　B. 观感质量检验
   C. 试压　　　　　　　　　　　　D. 试车
   E. 无损检测

6. 【单选】分项工程验收由（　　）组织施工单位专业技术质量负责人进行验收。
   A. 施工单位专业工程师　　　　　B. 建设单位项目负责人
   C. 建设单位专业技术负责人　　　D. 总监理工程师

考点 3　施工质量问题和质量事故处理【重要】

1. 【单选】工程质量不合格，必须进行返修、加固或报废处理，造成直接经济损失不大的，划分为（　　）。
   A. 质量缺陷　　　　　　　　　　B. 质量事故
   C. 质量问题　　　　　　　　　　D. 质量不合格

2. 【单选】质量事故的特点不包括（　　）。
   A. 复杂性　　　　　　　　　　　B. 严重性
   C. 可变性　　　　　　　　　　　D. 偶然性

3. 【单选】事故报告后出现新情况，以及事故发生之日起（　　）日内伤亡人数发生变化的，应当及时补报。
   A. 7　　　　　　　　　　　　　　B. 15
   C. 30　　　　　　　　　　　　　D. 45

4. 【单选】当工程质量缺陷经过修补处理后不能满足规定的质量标准要求，或不具备补救可能性则必须采取（　　）。
   A. 返工处理　　　　　　　　　　B. 返修处理
   C. 不作处理　　　　　　　　　　D. 报废处理

5. 【多选】属于质量事故调查报告内容的有（　　）。
   A. 事故项目及各参建单位概况
   B. 事故发生的简要经过
   C. 事故造成的人员伤亡
   D. 事故发生的原因和事故性质
   E. 事故初步估计的间接经济损失

第十一章　施工成本管理

■ 知识脉络

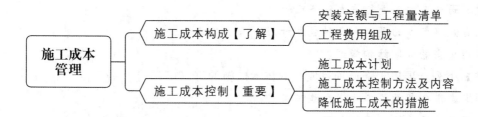

考点 1　施工成本构成【了解】

1.【多选】下列属于工程量清单组成的有（　　）。
   A. 分部分项工程项目清单　　　　B. 措施项目清单
   C. 其他项目清单　　　　　　　　D. 规费
   E. 企业管理费

2.【多选】其他项目清单包括（　　）。
   A. 住房公积金　　　　　　　　　B. 暂列金额
   C. 计日工　　　　　　　　　　　D. 总承包服务费
   E. 措施项目费

考点 2　施工成本控制【重要】

1.【多选】施工成本控制应遵循的原则有（　　）。
   A. 成本最低化原则　　　　　　　B. 全面成本控制原则
   C. 动态控制原则　　　　　　　　D. 责权利相结合的原则
   E. 静态控制原则

2.【多选】施工成本控制的依据包括（　　）。
   A. 合同文件　　　　　　　　　　B. 施工组织设计
   C. 进度报告　　　　　　　　　　D. 施工单位的施工经验
   E. 质量目标

3.【单选】下列成本中，不属于工程设备成本控制内容的是（　　）。
   A. 设备采购成本　　　　　　　　B. 设备运输成本
   C. 设备质量成本　　　　　　　　D. 设备安装成本

4.【单选】（　　）可以列入成本支出的费用总和，是项目施工活动中各种消耗的综合反映。
   A. 项目考核成本
   B. 项目计划成本
   C. 项目实际成本
   D. 项目预算成本

5. 【单选】(　　) 是根据企业的有关定额经过评估、测算而下达的用于考核工程项目成本支出的重要尺度。

　　A. 项目考核成本　　　　　　　　B. 项目计划成本

　　C. 项目实际成本　　　　　　　　D. 项目预算成本

6. 【单选】下列选项中属于降低项目施工成本的组织措施的是 (　　)。

　　A. 建立分工明确、责任到人的成本管理责任体系

　　B. 对不同施工方案进行技术经济比较

　　C. 认真做好成本的预测和各种成本计划

　　D. 选用适当的合同结构模式

7. 【多选】下列选项属于降低项目成本的技术措施的有 (　　)。

　　A. 制定先进合理的施工方案和施工工艺

　　B. 加强机械设备的使用与管理

　　C. 积极推广应用新技术

　　D. 加强技术、质量检验

　　E. 组建强有力的工程项目部

第十二章 施工安全管理

知识脉络

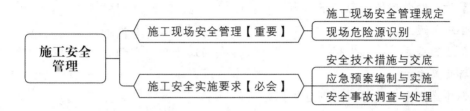

考点 1 施工现场安全管理【重要】

1. 【单选】（　　）应为工程项目安全生产第一责任人，负责分解落实安全生产责任。
   A. 项目经理 B. 项目技术负责人
   C. 项目安全经理 D. 项目总工程师

2. 【多选】分包人的安全生产责任应包括（　　）。
   A. 履行分包合同规定的安全生产责任
   B. 服从安全生产管理
   C. 及时报告伤亡事故并参与调查
   D. 在分包合同中明确安全生产责任和义务
   E. 提出安全管理要求并认真监督检查

3. 【单选】生产经营单位要对本单位的重大危险源建立重大危险源管理档案，并在每年（　　）底前送当地县级以上人民政府安全生产监督管理部门备案。
   A. 3月 B. 6月
   C. 9月 D. 12月

4. 【单选】项目施工危险源辨识常采用（　　）方法。
   A. 预危险性分析 B. 故障树分析
   C. 安全检查表 D. 事件树分析

考点 2 施工安全实施要求【必会】

1. 【单选】特种设备在投入使用前或者投入使用后（　　）日内，特种设备使用单位应当向直辖市或者设区的市的特种设备安全监督管理部门登记。
   A. 10 B. 15
   C. 30 D. 45

2. 【多选】起重机吊装过程中，应重点监测（　　）。
   A. 吊点及吊索具受力 B. 起升卷扬机及变幅卷扬机
   C. 超起系统工作区域 D. 吊装安全距离
   E. 起重机垂直度

3. 【多选】下列关于安全技术交底，说法正确的有（　　）。
   A. 施工现场管理人员应向作业人员进行安全交底
   B. 分部工程施工前，工长向所管辖的班组进行安全技术措施交底
   C. 安全技术交底记录一式两份
   D. 施工工种安全技术交底属于安全技术交底
   E. 工程因故停工，复工时不需要进行安全技术交底

4. 【多选】生产经营单位应急预案分为（　　）。
   A. 综合应急预案
   B. 专业应急预案
   C. 综合处置措施
   D. 专项应急预案
   E. 现场处置方案

5. 【多选】生产安全事故等级的划分指标有（　　）。
   A. 人员伤亡
   B. 间接经济损失
   C. 直接经济损失
   D. 现场情况
   E. 轻伤人数

6. 【单选】重大事故由（　　）组织成立事故调查组进行调查。
   A. 事故发生地省级人民政府安全生产监督管理部门
   B. 事故发生地市级人民政府安全生产监督管理部门
   C. 事故发生地县级人民政府安全生产监督管理部门
   D. 生产经营单位

7. 【多选】报告事故的内容包含（　　）。
   A. 事故发生的时间
   B. 事故发生原因
   C. 事故发生单位概况
   D. 事故间接经济损失
   E. 事故已经采取的措施

第十三章 绿色施工及现场环境管理

知识脉络

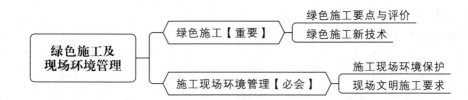

考点 1 绿色施工【重要】

1.【单选】制定绿色施工管理制度,负责绿色施工的组织实施,是（　　）的绿色施工职责。
   A. 建设单位
   B. 设计单位
   C. 监理单位
   D. 施工单位

2.【多选】下列属于绿色施工总体框架内容的有（　　）。
   A. 绿色施工管理
   B. 能源开发
   C. 节材与材料资源利用
   D. 节水与水资源利用
   E. 节能与能源利用

3.【多选】绿色施工管理的主要内容包括（　　）。
   A. 组织管理
   B. 咨询管理
   C. 规划管理
   D. 设计管理
   E. 评价管理

考点 2 施工现场环境管理【必会】

1.【多选】绿色施工的土壤保护措施包括（　　）。
   A. 因施工造成的裸土应及时覆盖
   B. 现场道路、加工区、材料堆放区宜及时进行地面硬化
   C. 采用隔水性能好的边坡支护技术
   D. 污水处理设施等不发生堵塞、渗漏、溢出等现象
   E. 施工后应恢复施工活动破坏的植被

2.【多选】属于施工现场临时用电管理措施的有（　　）。
   A. 临时用电有方案和管理制度
   B. 临时用电由持证电工专人管理
   C. 配电箱和控制箱选型、配置合理

D. 配电系统和施工机具采用可靠的接地保护

E. 配电箱和控制箱均设一级漏电保护

3. 【多选】下列关于施工现场通道及安全防护措施的说法，正确的有（　　）。

A. 消防通道必须建成环形或足以能满足消防车回车条件，且宽度不小于3m

B. 场区人行道应标识清楚，并与主路之间采取隔离措施

C. 所有施工场点标识出人行通道并用隔离布带隔离

D. 高2m以上平台必须安装护栏

E. 所有吊装区必须设立警戒线，并用隔离布带隔离，标识明显

第十四章 机电工程施工资源与协调管理

知识脉络

考点 1 施工资源管理【必会】

1. 【单选】工程项目部负责人中（   ）必须具有机电工程建造师资格。
   A. 项目经理　　　　　　　　　　B. 项目副经理
   C. 项目总工　　　　　　　　　　D. 项目部技术负责人

2. 【单选】对离开特种作业岗位（   ）个月以上的特种作业人员，应当重新进行实际操作考试，经确认合格后方可上岗作业。
   A. 6　　　　　　　　　　　　　　B. 5
   C. 4　　　　　　　　　　　　　　D. 3

3. 【单选】无损检测（   ）人员可根据标准编制和审核无损检测工艺，确定用于特定对象的特殊无损检测方法、技术和工艺规程，对无损检测结果进行分析、评定或者解释。
   A. Ⅰ级　　　　　　　　　　　　B. Ⅱ级
   C. Ⅲ级　　　　　　　　　　　　D. Ⅳ级

4. 【多选】优化配置劳动力的依据包括（   ）。
   A. 项目所需劳动力的种类　　　　B. 项目所需劳动力的数量
   C. 劳动环境　　　　　　　　　　D. 劳动力供给方的议价能力
   E. 项目的进度计划

5. 【多选】关于材料进场验收要求，说法正确的有（   ）。
   A. 验收工作按质量验收规范和计量检测规定进行
   B. 验收内容包括材料品种、规格、型号、质量、数量、证件等
   C. 要求复检的材料应有取样送检证明报告
   D. 对不符合计划要求或质量不合格的材料可以暂时接收
   E. 验收要做好记录、办理验收手续

6. 【多选】在材料进场时必须根据（   ）进行材料的数量和质量验收。
   A. 进料计划　　　　　　　　　　B. 质量验收规范
   C. 送料凭证　　　　　　　　　　D. 质量保证书
   E. 产品合格证

7.【单选】在工程项目施工中,施工机具的选择要求不包括( )。
 A. 满足施工方案的需要
 B. 适合工程的具体特点
 C. 保证施工质量的要求
 D. 小型设备超负荷运转

8.【多选】重要施工机具的使用应贯彻的原则包括( )。
 A. "人机固定"原则
 B. "三定"制度
 C. 专机专人负责制
 D. 单位责任人负责制
 E. 操作人员持证上岗制

9.【单选】下列关于施工机械设备操作人员的要求,说法错误的是( )。
 A. 严格按照操作规程作业,搞好设备日常维护,保证机械设备安全运行
 B. 特种作业严格执行持证上岗制度并审查证件的有效性和作业范围
 C. 逐步达到本级别"三懂四会"的要求
 D. 做好机械设备运行记录,填写项目真实、齐全、准确

10.【单选】关于施工机具管理要求,说法错误的是( )。
 A. "四懂三会"原则中"二会"指会操作、会保养、会排除故障
 B. 属于特种设备的应履行自检程序
 C. 施工机具的使用应贯彻人机固定原则
 D. 施工机具的使用实行定机、定人、定岗位责任的三定制度

考点 2 施工协调管理【重要】

1.【多选】下列沟通协调内容中,属于施工资源分配供给的协调的有( )。
 A. 设备材料有序供应
 B. 专业管线综合布置
 C. 施工垃圾分类堆放
 D. 施工机具优化配置
 E. 工程资金合理分配

2.【多选】质量管理协调主要作用于( )。
 A. 质量检查、检验计划编制与施工进度计划要求的一致性
 B. 质量检查或验收记录的形成与施工实体进度形成的同步性
 C. 不同专业施工工序交接间的及时性
 D. 发生质量问题后处理的各专业间作业人员的协同性
 E. 全场安全检查计划中部位和顺序的安排

3.【单选】下列不属于内部协调管理的形式是( )。
 A. 例行的管理协调会
 B. 建立协调调度室
 C. 授权的其他领导人指令
 D. 现场协调

4.【单选】下列不属于与施工单位有合同契约关系的单位间协调的是( )。
 A. 发包单位
 B. 材料供应单位
 C. 工程设计单位
 D. 施工机械出租单位

第十五章 机电工程试运行及竣工验收管理

知识脉络

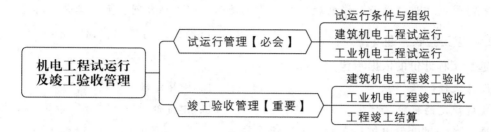

考点 1 试运行管理【必会】

1. 【单选】单机试运行由（　　）负责组织实施。
   A. 建设和生产单位　　　　　　　　B. 设计方
   C. 监理方　　　　　　　　　　　　D. 施工单位

2. 【单选】下列关于单机试运行和联动试运行的说法中不正确的是（　　）。
   A. 联动试运行适用于单体设备的工程
   B. 单机试运行属于工程施工安装阶段的工作内容
   C. 中小型单体设备工程一般可只进行单机试运行
   D. 因介质原因，无法进行单机试运行的设备，可在负荷试运行进行

3. 【多选】工程中间交接完成包括的内容有（　　）。
   A. "三查四定"的问题整改消缺完毕
   B. 工程质量验收合格
   C. 编制的试运行方案或试运转操作规程已经批准
   D. 影响投料的设计变更项目已施工完
   E. 施工用临时设施已全部拆除

4. 【多选】机电工程单机试运行的范围包括（　　）。
   A. 电气系统　　　　　　　　　　　B. 控制系统
   C. 炼油化工工程　　　　　　　　　D. 连续机组的机电工程
   E. 联锁、报警系统

5. 【多选】试运行方案由施工项目总工程师组织编制，经施工企业总工程师审定，报（　　）批准后实施。
   A. 建设单位　　　　　　　　　　　B. 监理单位
   C. 施工单位　　　　　　　　　　　D. 设计单位
   E. 分包单位

6. 【多选】参加联动试运行的人员应掌握（　　）的技术。
   A. 开车　　　　　　　　　　　　　B. 停车

C. 事故处理 D. 安全生产
E. 调整工艺条件

7.【单选】下列关于建筑电气与智能化系统运行维护工作应符合规定,说法错误的是（　　）。
A. 对高压固定电气设备进行运行维护,除进行电气测量外,不得带电作业
B. 对低压固定电气设备进行运行维护,当不停电作业时,应采取安全预防措施
C. 在易燃、易爆区域内或潮湿场所进行低压电气设备检修或更换时,可以带电作业
D. 不得带电作业的现场,停电后应在操作现场悬挂"禁止合闸、有人工作"标志牌

考点 2　竣工验收管理【重要】

1.【单选】工程计价的依据不包括（　　）。
A. 设计文件 B. 概算定额
C. 政府规定的税费 D. 中标价

2.【单选】关于进度款审核与支付,说法错误的是（　　）。
A. 发包人应在收到承包人进度款支付申请后的14天内,根据计量结果和合同约定对申请内容予以核实,确认后向承包人出具进度款支付证书
B. 发包人应在签发进度款支付证书后的7天内,向承包人支付进度款
C. 发包人未按前款规定支付进度款的,承包人可催告发包人支付,并有权获得延迟支付的利息
D. 发包人应承担由此增加的费用和延误的工期,向承包人支付合理利润,并承担违约责任

3.【单选】关于安全文明施工费的支付,发包人应在工程开工的（　　）天内预付不低于当年施工进度计划的安全文明施工费总额的50%。
A. 30 B. 29
C. 28 D. 15

4.【多选】工程竣工结算价款中,应扣除的款项不包括（　　）。
A. 合同价款 B. 工程量变更增加的预算
C. 合同价款调整数额 D. 预付款
E. 质量保证金

5.【单选】关于建筑机电专项验收的一般规定,说法错误的是（　　）。
A. 环境保护设施应与主体工程同时设计、同时施工、同时投入生产和使用
B. 施工单位应向政府有关行政主管部门申请建设工程项目的专项验收
C. 消防验收应在建设工程项目投入试生产前完成
D. 安全设施验收及环境保护验收应在建设工程项目试生产阶段完成

6.【多选】关于建筑安装工程单位工程质量验收合格规定,说法正确的有（　　）。
A. 单位工程所含分部工程的质量均验收合格
B. 安全管理资料完整
C. 主要使用功能的检测资料应完整
D. 观感质量验收应符合要求
E. 主要功能项目的全数检查结果符合规定

第十六章　机电工程运维与保修管理

知识脉络

考点 1　运维管理【重要】

1. 【单选】机电工程项目运行应建立运行管理档案，运行管理记录应包括（　　）。
   A. 设备及管道系统安装及检验记录
   B. 各主要设备维护保养及日常维修记录
   C. 设备单机试运行记录
   D. 系统联动试运行记录

2. 【多选】关于工程维护，说法正确的有（　　）。
   A. 维护保养单位应建立健全机电工程维护保养管理制度
   B. 维护保养工作前应做好与关联单位的协调沟通工作
   C. 定期开展的维护保养工作，一般半年或一年一次
   D. 维护保养单位应取得从事相关维护保养工作的资质许可
   E. 常规维护保养主要包括系统重要功能及效果的检测、易损部件的更换及设备的全面清理

3. 【单选】系统维护工作中常规维护保养不包含（　　）。
   A. 系统运行效果检查　　　　B. 设备运行状态检查
   C. 安全检查　　　　　　　　D. 设备的全面清理

考点 2　保修与回访管理【重要】

1. 【单选】建设工程在保修范围和保修期限内，质量问题是由双方的责任造成的，应协商解决，商定各自的经济责任，由（　　）负责修理。
   A. 建设单位　　　　　　　　B. 监理单位
   C. 施工单位　　　　　　　　D. 设计单位

2. 【单选】根据《建设工程质量管理条例》，关于建设工程在正常使用条件下的最低保修期限的说法，正确的是（　　）。
   A. 供热和供冷系统为 1 个供暖期或供冷期
   B. 电气管线保修期为 2 年
   C. 给水排水管道工程保修期为 1 年
   D. 设备安装工程保修期为 3 年

3. 【单选】建设工程的保修期自（　　）之日起计算。
   A. 结算　　　　　　　　　　　　B. 竣工验收合格
   C. 运行　　　　　　　　　　　　D. 投产

4. 【单选】供热和供冷系统的最低保修期为（　　）。
   A. 1个采暖期或供冷期　　　　　B. 2个采暖期或供冷期
   C. 1个采暖期　　　　　　　　　D. 3个供冷期

5. 【单选】设备安装工程最低保修期为（　　）
   A. 1年　　　　　　　　　　　　B. 2年
   C. 3年　　　　　　　　　　　　D. 5年

6. 【多选】根据《建设工程质量管理条例》，保修期最低2年的工程有（　　）。
   A. 给水管道　　　　　　　　　　B. 电气管线
   C. 供热系统　　　　　　　　　　D. 屋面防水
   E. 地基基础

7. 【单选】在发生问题的部位或项目修理完毕后，要在保修证书的"保修记录"栏内做好记录，并经（　　）验收签认，以表示修理工作完成。
   A. 建设单位　　　　　　　　　　B. 施工单位
   C. 设计单位　　　　　　　　　　D. 监理单位

8. 【单选】在规定的期限内，由（　　）主动到建设单位或用户进行回访。
   A. 设计单位　　　　　　　　　　B. 施工单位
   C. 建设单位　　　　　　　　　　D. 监理单位

9. 【多选】信息传递方式回访包括（　　）。
   A. 邮件　　　　　　　　　　　　B. 座谈会
   C. 电话　　　　　　　　　　　　D. 传真
   E. 电子信箱

10. 【单选】座谈会方式回访，由（　　）组织座谈会或意见听取会。
    A. 施工单位　　　　　　　　　　B. 建设单位
    C. 总承包单位　　　　　　　　　D. 设计单位

PART 4

第四篇
案例专题模块

学习计划：

读书破万卷
下笔如有神

模块一 施工进度管理

案例一

【背景资料】

某工业项目建设单位通过招标与施工单位签订了施工合同，主要内容包括设备基础、设备钢架（多层）、工艺设备、工艺管道和电气、仪表安装等。工程开工前，施工单位按合同约定，向建设单位提交了施工进度计划，如图1-1所示。

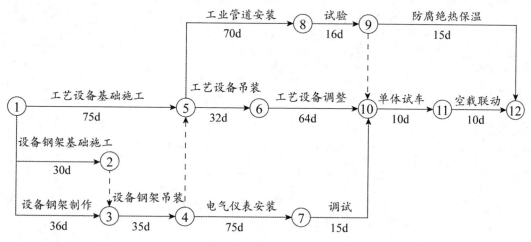

图1-1 施工进度计划

上述施工进度计划中，设备钢架吊装和工艺设备吊装两项工作共用1台塔式起重机（以下简称"塔机"），其他工作不使用塔机。经建设单位审核确认，施工单位按该进度计划进场组织施工。

在施工过程中，由于建设单位要求变更设计图纸，致使设备钢架制作工作停工10天，（其他工作持续时间不变），建设单位应及时向施工单位发出通知，要求施工单位按原计划进场，调整进度计划，保证该项目按原计划工期完工。

施工单位采取工艺设备调整工作的持续时间压缩6天，得到建设单位同意，施工单位提出的费用补偿要求如下，建设单位没有全部认可。

（1）工艺设备调整工作压缩6天，增加赶工费20000元。

（2）塔机闲置10天损失费，1600元/天（含运行费300元/天）×10＝16000元。

（3）设备钢架制作工作停工10天，造成其他相关机械闲置、人员窝工等损失费15000元。

【问题】

1. 按节点代号表示施工进度计划的关键线路，该计划的总工期是多少天？
2. 按原计划设备钢架吊装与工艺设备吊装工作能否连续作业？说明理由。
3. 说明施工单位调整方案后能保证原计划工期不变的理由。
4. 安装自动化仪表取源部件的开孔与焊接有何要求？

案例二

【背景资料】

某机电工程公司通过投标总承包了一工业项目,主要内容包括:设备基础施工、厂房钢结构制作和吊装、设备安装调试、工业管道安装及试运行等。项目开工前,该机电工程公司按机电工程施工顺序的确定原则和合同约定,向建设单位提交了施工进度计划,编制了各项工作逻辑关系及工作时间表(表1-1)。

钢结构安装以后,油漆表面出现大面积返锈,项目部采用了因果分析图进行分析,处理后钢结构表面质量合格。

表 1-1 各项工作逻辑关系及工作时间表

代号	工作内容	工作时间/d	紧前工序	代号	作内容	工作时间/d	紧前工序
A	工艺设备基础施工	72	—	G	电气设备安装	64	D
B	厂房钢结构基础施工	38	—	H	工艺设备调整	55	E
C	钢结构制作	46	—	I	工业管道试验	24	F
D	钢结构吊装、焊接	30	B、C	J	电气设备调整	28	G
E	工艺设备安装	48	A、D	K	单机试运行	12	H、I、J
F	工艺管道安装	52	A、D	L	联动及负荷试运行	10	K

工程施工中,机电工程公司加强了进度计划的检查和跟踪,严格进行进度计划控制。由于工艺设备是首次安装,经反复多次调整后才达到质量要求,致使项目部工程费用超支,工期拖后。在150天时,项目部用赢得值法分析,取得以下3个数据:已完工程预算费用3500万元,计划工程预算费用4000万元,已完工程实际费用4500万元。

在完成单机试运转后,机电公司和建设单位办理了中间交接,建设单位检查联动试运行各项条件,准备组织实施联动试运行。

【问题】

1. 如何确定机电工程施工顺序?
2. 根据表1-1的内容,绘制网络图,找出该项目的关键工作,并计算出总工期。
3. 施工进度计划的检查内容有哪些?
4. 联动试运行应符合的规定有哪些?

案例三

【背景资料】

某建筑空调工程中的冷热源主要设备由某施工单位吊装就位,设备需吊装到地下一层(-7.5m),再牵引至冷冻机房和锅炉房就位。施工单位依据设备一览表(表1-2)中数据及施工现场条件(混凝土地平)等技术参数进行分析、比较,制定了设备吊装施工方案,方案中选用 KMK6200 汽车式起重机,起重机在工作半径 19m、吊杆伸长 44.2m 时,允许载荷为 21.5t,满足设备的吊装要求。锅炉房的泄爆口尺寸为 9000mm×4000mm,大于所有设备外形尺寸,设置锅炉房泄爆口为设备的吊装口,所有设备经该吊装口吊入,冷水机组和蓄冰槽需用卷扬机及滚杠滑移系统牵引到冷冻机房安装就位。

在吊装方案中,绘制了吊装施工平面图,设置吊装区,制定安全技术措施,编制了设备吊装进度计划(表1-3)。施工单位按吊装的工程程量及进度计划配置足够的施工作业人员。

表1-2 施工单位依据设备

设备名称	数量/台	外形尺寸/mm	重量/(t/台)	安装位置	到货日期
冷水机组	2	3490×1830×2920	11.5	冷冻机房	3月6日
双工况冷水机组	2	3490×1830×2920	12.4	冷冻机房	3月6日
蓄冰槽	10	6250×3150×3750	17.5	冷冻机房	3月8日
锅炉	2	6250×3150×2500	7.3	锅炉房	3月8日

表1-3 设备吊装进度计划

序号	工作	3月											
		1日	2日	3日	4日	5日	6日	7日	8日	9日	10日	11日	12日
1	施工准备												
2	冷水机组吊装就位						───						
3	锅炉吊装就位							───					
4	蓄冰槽吊装就位								───				
5	收尾											───	

【问题】

1. 设备吊装工程中应配置哪些主要的施工作业人员?
2. 吊机的站立位置的地基应做什么测试?项目的汽车式起重机都有哪些基本参数?
3. 指出设备吊装进度计划中设备吊装顺序不合理之处?说明理由并纠正。
4. 确定空调工程项目施工顺序有哪些原则?

案例四

【背景资料】

某机电工程公司通过招标承包了一台 660MW 火电机组安装工程,工程开工前,施工单位向监理工程师提交了工程安装主要施工进度计划(如图 1-2 所示,单位:d),满足合同工期的要求并获业主批准。

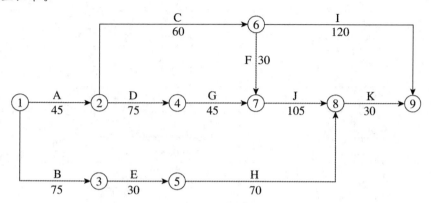

图 1-2 施工进度计划

在施工进度计划中,因为工作 E 和 G 需吊装载荷基本相同,所以租赁了同一台吊车安装,并计划定在第 76d 进场。

在锅炉设备搬运过程中,由于叉车故障在搬运途中失控,所运设备受损,返回制造厂维修,工作 B 中断 20d,监理工程师及时向施工单位发出通知,要求施工单位调整进度计划,以确保工程按合同工期完工。

对此施工单位提出了调整方案,即将工作 E 调整为工作 G 完成后开工。在吊车施工前,由施工单位组织编制了吊装专项施工方案,并经审核签字后组织了实施。

该工程安装完毕后,施工单位在组织汽轮机单机试运转中发现,在轴系对轮中心找正过程中,轴系联结时的复找存在一定的误差,导致设备运行噪音过大,经再次复找后满足了要求。

【问题】

1. 在原计划中如果先工作 E 后工作 G 组织吊装,塔吊应安排在第几天投入使用可使其不闲置?说明理由。
2. 工作 B 停工 20d 后,施工单位提出的计划调整方案是否可行?说明理由?
3. 吊车专项施工方案在施工前应由哪些人员签字?塔吊选用除了考虑吊装载荷参数外,还有哪些基本参数?
4. 汽轮机轴系对轮中心找正除轴系联结时的复找外,还包括哪些找正?

模块二　施工质量管理

案例一

【背景资料】

某机电安装公司，通过竞标承担了某化工厂的设备、管道安装工程。该工程地处北方沿海地区，按照施工合同应该在7月初开始进行安装，但前期由于工程招标、征地、设备采购等原因，致使安装工程到9月底才开工。施工单位为了兑现投标承诺，该公司通过质量策划，编制了施工组织设计和相应的施工方案，并建立了现场质量保证体系，制定了检验试验卡，要求严格执行三检制。工程进入后期，为赶工期，采用加班加点的办法加快管道施工进度，由此也造成了质量与进度的矛盾。

事件一：质量检查员在检查管排的施工质量时，发现φ89不锈钢管焊接变形过大，整条管道形成折线状，不得不拆除重新组对焊接，造成直接经济损失5600元。

事件二：该工程某车间内的管道材质包括20号钢、15CrMo钢、16Mn等，班组领料时材料员按照材料计划进行发料，并在管端进行了涂色标记，但由于施工班组管理不善，在使用时还是发生了混料现象，不得不重新进行检验。

事件三：该工程进行压力管道施工时，有一种管材属于国外进口材料，施工单位此前从没有遇到过，由于工期较紧，项目部抽调2名技术较好的焊工进行相应练习后，就进行管道施焊。

【问题】

1. 三检制的自检、互检、专检责任范围应如何界定，事件一是哪个检验环节失控？
2. 影响施工质量的因素有哪些？本工程的环境因素有哪些？造成不锈钢管焊接变形过大的因素是什么？
3. 质量预控方案一般包括哪些内容？
4. 压力管道施工中项目部的做法是否正确，应如何进行？

案例二

【背景资料】

A安装公司承包了某38层办公大楼的机电安装工程,工程内容包括建筑给排水、建筑电气、通风空调、建筑智能化等工程,合同总工期为24个月。在施工准备阶段,A公司项目部编制了材料采购计划,要求材料采购计划要涵盖施工全过程。项目部还编制了施工机具使用计划,综合考虑设备特性,兼顾了企业技术进步和市场拓展需要合理地选择安全、简单、可靠、品牌优良的施工机具,使工程正常开工。

施工中监理工程师对施工单位将部分油品、保温材料和电气材料等长期露天放置于户外,只用塑料布简单覆盖提出批评,并令其尽快改正。施工中还发生了下列事件:

事件一:A公司通风与空调施工完毕后,进行了系统的单机和联动试运转调试,测定了系统风量和防排烟,监理工程师认为调试内容不全。

事件二:智能化系统在进行采购选择时,考虑了产品的品牌和生产地、产品的价格。监理工程师也认为考虑的不全面。

【问题】

1. 根据背景资料描述材料储存与保管问题,A公司应如何改进?
2. 事件一中,通风与空调非设计满负荷条件下的联合试运转及调试还应符合哪些要求?
3. 施工机具的选择原则有哪些?
4. 事件二中,智能化系统在选择时,还应考虑哪些因素?

案例三

【背景资料】

A 公司承包了电子工厂通风空调工程,工程内容包括空调风系统(包括风管和配件的制作安装、风口安装)、水系统(包括冷热水管道、冷却水管道和冷凝水管道安装)、冷热源设备以及洁净厂房内的洁净空调系统、高纯水管道、高纯氮气管道等安装工程。

工程设备有冷冻机、锅炉、冷却塔、水泵、空调箱、风机盘管和风机等,大型设备分布在地下一层,冷却塔位于屋顶层。高纯氮气管道采用电抛光不锈钢管,高纯水管道采用洁净塑料管,洁净空调系统风管采用镀锌钢板,其他风管采用新型无机复合风管。工程材料由施工单位采购。为保证施工质量和洁净度要求,项目部对施工现场进行了质量控制程序的策划,并建立了现场质量保证体系,制定了检验试验卡,要求严格执行三检制。

A 公司派出 I 级无损检测人员进行该项目的无损检测工作,其签发的检测报告显示,一周内有 10 条管道焊缝被其评定为不合格。经项目质量工程师排查,这些不合格焊缝均出自一台整流元件损坏的手工焊焊机。操作该焊机的焊工是一名自动焊焊工,无手工焊资质,未能及时发现焊机的异常情况。经调换焊工、更换焊机、返修焊缝后,重新检测结果为合格。该事件未耽误工期,但造成费用损失 10000 元。

【问题】

1. 洁净空调系统的运行时间达到多少是合格的?
2. 项目部应在工程的哪些部位和工序设置质量控制点?
3. 三检制的自检、互检、专检责任范围应如何界定?
4. A 公司派出的无损检测人员的哪些检测工作超出了其资质范围?

案例四

【背景资料】

某安装公司承接了一广场地下商场给排水、空调、电气和消防系统安装工程,工程总面积15000m²,地下有3层,主要设备有:高、低压配电柜,锅炉,冷水机组,空调机组,消防水泵,消防稳压罐等。

施工前,安装公司项目部应建设单位的要求,按设计图建立了机电管线三维模型,发现走廊管道综合布置后无法满足吊顶净高要求,与监理工程师协商后,把空调供、回水主干管从走廊移至商铺内,保证了走廊吊顶的净高,同时减少了主干管的长度;项目部把综合布置后的三维模型及图纸作为设计变更申请报监理单位审核后,经建设单位同意用于施工。

项目部根据安装公司管理手册和程序文件的要求,结合项目实际情况编制了《项目质量计划》,经审批后实施。项目部根据施工过程中的关键工序,对后续工程施工质量、安全有重大影响的工序,采用新工艺、新技术、新材料的部位等原则,确定了质量控制点为:高、低压配电柜安装,锅炉、冷水机组的设备基础、垫铁敷设,管道焊接和压力试验等。

施工过程中,监理工程师在现场巡视时发现:金属风管板材的拼接均采用咬口连接,其中包括1.6mm钢板制作的防排烟风管;商场中厅500kg装饰灯具的悬吊装置按750kg做了过载试验,并记录为合格。监理工程师要求项目部加强现场质量检查,整改不合格项。

【问题】

1. 项目部提出的设计变更申请在程序上还应如何完善才能用于施工?
2. 项目部还需考虑哪些确定质量控制点的原则?
3. 1.6mm金属风管板材的拼接方式是否正确?应采用哪种拼接方式?
4. 指出灯具安装的错误之处,并简述正确做法。

模块三　合同与招投标管理

案例一

【背景资料】

A公司参与远离所在地炼钢厂的机电安装工程总承包的投标，投标前做了如下工作：

（1）分析了招标文件工程范围，本工程含机械设备安装、电气及自动化系统安装、钢结构及非标准件制作安装、工业给水排水施工、防腐及保温工程、炉窑砌筑工程。并分析本公司施工技术力量优劣势，认为本公司安装技术力量雄厚，主体工程及主要系统由本公司承担，其他工程拟采用分包的形式分别包给具有相应施工资质的公司，并对其经营状况和价格水平进行了调研。

（2）因本工程是以固定总价，合同包干，一次包死。施工中不发生签证及变更费用，因此在标书编制前重点调研了与工程有关的法律法规，施工所在地的施工条件，气候条件及环境，建设单位的资金情况，参加了标前会议交底和答疑，并认真复核了工程量。

（3）在提交投标文件截止时间前10天，招标人修改了设计图纸，增加了工程范围，A公司提出异议。

（4）投标过程中严格按时按规定递交了标书，唱标时B公司因施工过程估算费用偏高、工程量偏大、计价形式有误等原因造成总价过高，偏离招标规定而出局，而C、D、E三公司也因技术或报价等原因落选。最终A公司中标。

【问题】

1. 根据工作内容，本工程中A公司可能发生哪些专业承包工程？
2. 根据标前调查研究内容要求，本案例中A公司在调查研究过程中的重大缺陷有哪些？会造成哪些不良后果？
3. A公司能否提出异议？为什么？
4. 机械设备安装中影响设备安装精度的因素有哪些？

案例二

【背景资料】

某公司承包国外一机电工程项目,项目内容包括:给排水、电气、通风空调、消防、电梯、建筑智能化工程,合同工期为36个月,合同总价为2.5亿美元。合同约定,工程价格不因各种费率、汇率、税率变化及各种设备、材料、人工等价格变化而作调整。

施工过程中发生以下事件:

事件一:(1)当地发生短期局部战乱,造成工期延误20天,直接经济损失20万美元。

(2)原材料涨价,增加费用100万美元。

(3)美元贬值,损失1000万元人民币。

(4)进度款多次拖延支付,影响工期3天,经济损失40万美元。

(5)遭遇百年一遇的大洪水,直接经济损失10万美元,工期拖延5天。

事件二:电气装置进行试运行时,由于高压开关柜闭锁保护装置不完善,导致甲工人施工时,电气开关误动作,将乙工人手臂夹断,导致乙工人残疾。

事件三:A公司项目部制定了绿色施工管理和环境保护的绿色施工措施,提交业主后,业主认为绿色施工内容不能满足施工要求,建议补充完善。

事件四:单机试运行结束后,A公司项目经理安排人员完成了卸压、卸荷、管线复位、润滑油清洁度检查、更换润滑油过滤器芯和整理试运行记录的工作。

【问题】

1. 事件一中,A公司可向业主索赔的工期和费用金额分别是多少?说明理由。
2. 事件二中,为防止电气开关误动作,应如何完善高压开关柜闭锁保护装置?
3. 事件三中,绿色施工要点还应包括哪些方面的内容?
4. 事件四中,单机试运行结束后,还应及时完成哪些工作?

案例三

【背景资料】

A 安装公司以总承包中标承建某生产线设备的安装,双方按规定签订了设备安装承包合同,设备的采购和运输由建设单位负责,设备的安装技术标准为设备制造厂的技术标准,合同约定工期为 5 个月。合同生产线的土建工程由建设单位发包给了 B 建筑公司。在施工中,因供货厂家的原因,订购的不锈钢阀门延期了 10 天送达施工现场,项目部对不锈钢阀门进行了外观质量检查,阀体完好,开启灵活,立即安装于工程管路上,被监理工程师叫停,要求 A 公司对不锈钢阀门进行检验。项目部施工人员只能将这批不锈钢阀门拆下检验,试验合格后才进行阀门安装。因以上两个事件造成设备安装计划延误,A 公司向建设单位申请工期增加,被建设单位否定。

在设备运输过程中遇到台风,造成工期延误 3 天,窝工损失 8 万元。A 公司在设备基础检测中,发现土建施工的基础与设计图纸不符,因设备基础返工,影响了 A 公司施工进度,工期拖延 5 天,窝工损失 10 万元人民币。A 公司加班加点赶工期,按时完成竣工验收。

【问题】

1. A 公司可向建设单位索赔的工期是多少?
2. A 公司可向建设单位索赔的费用是多少?
3. 送达施工现场的阀门应进行哪些试验?如何实施?
4. 设备基础的位置、几何尺寸测量检查主要包括哪些内容?

案例四

【背景资料】

某中型机电安装工程项目，由政府和一家民营企业共同投资兴建，并组建了建设班子（以下称"建设单位"），建设单位X把安装工程直接交予A公司承建，上级主管部门予以否定。之后，建设单位公开招标，选择安装单位。招标文件明确规定，投标人必须具备机电工程总承包二级施工资质。工程报价采用综合单价报价。经资质预审后，共有A、B、C、D、E五家公司参与了投标。投标过程中发生了如下事件：

A公司提前一天递交了投标书；

B公司在前一天递交投标书后，在截止投标前10分钟，又递交了修改报价的资料；

D公司在表述密封时未按要求加盖法定代表人印章；

E公司未按招标文件要求的格式报价；

经评标委员会评定、建设单位确定，最终C公司中标，按合同范本与建设单位签订了施工合同。施工过程中发生下列事件：

事件一：开工后因建设单位采购的设备整体晚到，致使C公司延误工期10天，并造成窝工费及其他经济损失共计15万元；C公司租赁的大型吊车因维修延误工期3天，经济损失3万元；因非标准件和钢结构制作及安装工程量变更，增加费用30万元；施工过程中遇台风暴雨，C公司延误工期5天，并发生窝工费5万元，施工机具维修费5万元。

事件二：非标件制作过程中，C公司对成品按要求做外观检查，检查对质检人员用放大镜观察焊缝表面缺陷，并及时进行了修复。但建设单位要求用焊接检验尺进一步检查焊缝的缺陷。

【问题】

1. 分析上级主管部门否定建设单位指定A公司承包该工程的理由。
2. 招投标中，哪些单位的投标书属于无效标书？此次招投标工作是否有效？说明理由。
3. 列式计算事件一中C公司可向建设单位索赔的工期和费用。
4. 焊缝表面不允许存在的缺陷包括哪些？

模块四　安全与环境管理

案例一

【背景资料】

某机电公司承接一地铁机电工程，工程范围包括通风与空调、给水排水及消防水、动力照明、环境与设备监控系统等。

工程各站设置2台制冷机组，单台机组重量为5t，位于地下站台层。各站两端的新风及排风竖井共安装5台大型风机。空调冷冻、冷却水管采用镀锌钢管焊接法兰连接，法兰焊接处内外焊口做防腐处理。

机电工程工期紧，作业区域分散，项目部编制了施工组织设计，对工程进度、质量和安全管理进行重点控制。在安全管理方面，项目部根据现场狭小空间作业特点，对吊装运输作业进行分析识别，制定了相应的安全管理措施和应急预案。

在车站出入口未完成结构施工时，全部机电设备、材料均需进行吊装作业，其中制冷机组和大型风机的吊装运输分包给专业施工队伍。分包单位编制了吊装运输专项方案后即组织实施，被监理工程师制止，后经整改，才组织实施。

【问题】

1. 本工程存在的事故隐患有哪些？应急预案分为哪几类？
2. 分包单位在组织吊装运输专项方案实施时为什么被监理工程师制止？
3. 简述流动式起重机吊装过程中的重点监测部位。
4. 简述分包单位的安全生产责任。

案例二

【背景资料】

A公司承包某厂车间扩建机电安装工程,工程范围有桥式起重机安装、车间内通风空调风管安装、动力电气线路、消防管道安装等。桥式起重机安装高度为18m,通风空调风管和消防管道安装标高为24m,风管在现场制作,电气线路敷设于电缆沟,并与该厂变、配电房的指定配电柜相接。进场时土建工程已完工,为不影响该厂生产,施工全过程中不允许停电。A公司项目部针对桥式起重机的吊装制定了较完善的施工方案和安全技术措施。

施工中,A公司将厂内的工艺设备运输任务分包给B公司。在运输重25t的设备时,A公司的代表曾提出过要用25t车运输此设备,但B公司却使用了在市场上购买报废的10t半挂运输车,设备装上车后没有采取固定措施。结果半挂车拐弯时,设备从车上摔下,除了保险公司赔偿外业主还有直接损失65万元。经查,B公司没有制定设备运输方案,也没有安全技术交底记录。

【问题】

1. 分析本工程在安全管理方面存在哪些主要风险因素?
2. 针对本工程安全方面存在的主要风险因素,项目部应制定哪些安全技术措施?
3. A公司在这次事故中负有哪些责任?为什么?
4. 项目部应如何进行安全技术交底?

案例三

【背景资料】

某机电工程项目经招标由具备机电安装总包二级资质的 A 安装工程公司总承包，其中锅炉房工程和涂装工段消防工程由建设单位直接发包给具有专业资质的 B 机电安装工程公司施工。合同规定施工现场管理由 A 安装工程公司总负责。工程监理由一家有经验的监理公司承担，工程项目主材由 A 安装公司提供，工程设备由建设单位和 C 单位签订合同。A、B 公司都组建了项目部。在施工过程中发生如下事件：

由于锅炉延期一个月到货，致使 B 公司窝工和停工，造成经济损失，B 公司向 A 公司提出索赔被拒绝。

【问题】

1. B 公司在安装锅炉前应履行什么手续？
2. 在事件中，A 公司为什么拒绝 B 公司提出的索赔要求？B 公司应向哪个单位提出索赔？
3. B 机电安装工程公司施工过程中存在的危险源有哪些？
4. 建设单位应提供哪些消防验收所需的资料？

模块五　施工组织设计

案例一

【背景资料】

某安装公司承包某分布式能源中心的机电安装工程,工程内容有:冷水机组、配电柜、水泵等设备的安装和冷水管道、电缆排管及电缆施工。分布式能源中心的冷水机组、配电柜、水泵等设备由业主采购,金属管道、电力电缆及各种材料由安装公司采购。

安装公司项目部进场后,编制了施工方案、施工进度计划,做好了质量预控。对业主采购的冷水机组、水泵等设备检查,核对技术参数,符合设计要求。

在施工中曾发生过以下三个事件:

事件一:在冷水管道施工中,按施工图设计位置碰到其他管线,使冷水管道施工受阻,项目部向设计单位提出设计变更,要求改变冷水管道的走向。

事件二:在分布式能源中心项目试运行验收中,有一台冷水机组运行噪声较大,经有关部门检验分析及项目部提供的施工记录资料证明,不属于安装质量问题,增加机房的隔声措施后通过验收。

事件三:电缆排管施工时,设置的保护管孔径为电缆外径的1.3倍,且设置了排管电缆井,排管通向电缆井的坡度为0.05%。

【问题】

1. 项目部在验收水泵时应认真核对哪些技术参数?
2. 在事件一中,项目部应如何变更设计图纸?
3. 在事件二中,项目部可提供哪些施工记录资料来证明不是安装质量问题?
4. 在事件三中,电缆排管施工是否有问题?应在哪些地方设置电缆排管井?

案例二

【背景资料】

某发电厂安装工程，工程内容有锅炉、汽轮机、发电机、输煤机、水处理和辅机等设备。工程由 A 施工单位总承包。签订工程承包合同后，A 施工单位在未收到设计图纸的情况下，即进行了施工组织设计的编制，由于没有设计图纸，施工单位提出用投标阶段的施工组织设计大纲在格式和内容简单修改后作为施工组织总设计，业主予以认可。

在施工过程中，业主考虑到后期扩建工程对冷却水处理系统共用的需要，修改了水处理系统的设计，由于业主对施工单位前期工程进度和施工质量很满意，将修改后的水处理工程仍交由该施工单位进行施工，并要求施工单位重新编制施工组织设计，该施工单位认为事前已经编制了施工组织设计，所以不需要再编制施工组织设计。后来在业主的要求下，该施工单位在原施工组织设计的基础上，对改动部分进行了重新设计，编制了新增工程的施工组织设计，报由项目总工程师审批后下发执行。

锅炉主吊为塔吊，汽机间的设备用桥式起重机吊装，焊接要进行工艺评定，并编制了相应的施工方案和进行了交底。根据施工现场的危险源分析，制定了相应的安全措施，建立健全的安全管理体系。

【问题】

1. 施工单位在未收到施工图纸的情况下编制施工组织设计是否正确？为什么？
2. 施工单位对修改后的原施工组织设计履行的报批程序是否正确？为什么？正确的是什么？
3. 对设计修改的水处理系统工程，业主要求施工单位重新编制施工组织设计做法是否正确？为什么？
4. 针对本工程施工，施工单位还应编制哪些施工方案？如何进行施工方案的交底？

案例三

【背景资料】

某厂将拟建一条年产 300 万 t 的生产线建设项目，通过招标确定该工程由具有施工总承包一级资质的企业实施总承包，工程内容包括土建施工，厂房钢结构制作、安装，施工现场 350t 流动式起重机进行安装，设备安装与调试，电气工程的施工，各能源介质管道施工，建设工期为 20 个月。因工程工期太紧，造成总承包单位人力资源的调配出现短缺，不得不配备临时用工人员，为了抢时间、赶进度，总承包单位立即着手施工组织总设计编制，拟将该工程中的部分土建工程和已编制了吊装方案的车间内桥式起重机的安装进行分包。

【问题】

1. 施工组织设计的基本内容包括哪些？
2. 总承包单位在策划实施该项目时应注意哪些内、外联系环节？
3. 流动式起重机吊装前，对其基础应如何处理？
4. 在进行流动式起重机安装的吊装施工方案交底时，应考虑哪些问题？

案例四

【背景资料】

某安装工程公司承包了某发电厂机电安装工程,包括汽轮机组、发电机组及其附属设备、工艺管道系统。安装公司组成了项目部负责工程施工。施工准备阶段,编制了施工组织设计、各项施工方案,建立了技术交底制度,明确了技术交底的层次、阶段及形式,技术交底体现了工程特点。

项目部把发电机组主体设备的安装作为工作的重点,完成了发电机定子的吊装和转子的穿装,其中转子的穿装采用接轴式方法。在汽轮机主蒸汽管道的吹扫中,由于措施得力,吹扫工作优质顺利完成。

工程竣工阶段,安装工程公司项目部向建设单位提交了施工技术文件,内容有工程技术文件报审表、施工组织设计及施工方案、危险性较大的分部分项工程施工方案、技术交底记录。建设单位认为安装工程公司项目部提交的施工技术文件不全,要求安装公司项目部完善、补充。安装工程公司项目部全部整改补充后,建设单位同意该工程组织竣工验收。

【问题】

1. 发电机穿转子的常用方法还有哪些?
2. 施工方案编制的内容包括哪些?
3. 汽轮机主蒸汽管道吹扫应采用什么方法?吹扫的技术要求和要点有哪些?
4. 安装公司项目部提交的施工技术文件还应补充哪些?

案例五

【背景资料】

某安装公司承包了大型制药厂的机电安装工程,工程内容有设备、管道和通风空调等工程安装。安装公司对施工组织设计的前期实施进行了监督检查:施工方案齐全,临时设施通过验收,施工人员按计划进场,技术交底满足施工要求,但材料采购因资金问题影响了施工进度。不锈钢管道系统安装后,施工人员用洁净水(氯离子含量小于25ppm)对管道系统进行试压时(图5-1),监理工程师认为压力试验条件不符合规范规定,要求整改。

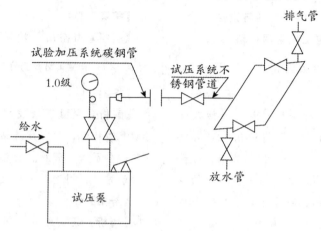

图 5-1 管道系统试压示意图

由于现场条件限制,有部分工艺管道系统无法进行水压试验,经设计和建设单位同意,安装公司对管道环向对接焊缝和组成件连接焊缝采用100%无损检测代替现场水压试验。检测后,设计单位对工艺管道系统进行了分析,结果符合质量要求。检查金属风管制作质量时,监理工程师对少量风管的板材拼接有十字形接缝提出整改要求。安装公司进行了返修和加固,风管加固后,外形尺寸改变,但仍能满足安全使用要求,验收合格。

【问题】

1. 在施工准备和资源配置计划中,安装公司哪几项完成的比较好,哪几项需要改进?

2. 监理工程师提出整改要求是否正确?说明理由。

3. 背景资料中的工艺管道系统的焊缝应采用哪几种检测方法?设计单位对工艺管道系统应如何分析?

4. 图5-1中的水压试验有哪些不符合规范规定?写出正确做法?

参考答案与解析

第一篇 机电工程技术

第一章 机电工程常用材料与设备
第一节 机电工程常用材料

考点 1　金属材料的分类及应用

1. 【答案】D

【解析】黑色金属又称钢铁材料，包括杂质含量小于 0.2% 及碳含量不超过 0.0218% 的纯铁、含碳量 0.0218%~2.11% 的钢、含碳量大于 2.11% 的铸铁，以及各种用途的结构钢、不锈钢、耐热钢、高温合金、精密合金等。广义的黑色金属还包括铬、锰及其合金。

2. 【答案】ADE

【解析】钢按化学成分可分为非合金钢、低合金钢、合金钢三类。

3. 【答案】B

【解析】碳素结构钢牌号表示方法：由屈服强度字母 Q、屈服强度数值（单位为 MPa）、质量等级符号（A、B、C、D，质量依次提高）、脱氧方法符号（F——沸腾钢，Z——镇静钢，TZ——特殊镇静钢）四部分按顺序组成。

4. 【答案】AD

【解析】有色金属是指铁、锰、铬以外的所有金属及其合金，通常分为轻金属、重金属、贵金属、半金属、稀有金属和稀土金属等。

5. 【答案】B

【解析】无缝圆管是对坯料采用穿孔针穿孔挤压，或将坯料镗孔后采用固定针穿孔挤压，所得内孔边界之间无分界线或焊缝的管材。

6. 【答案】D

【解析】贵金属主要指金、银和铂族金属。

考点 2　非金属材料的分类及应用

1. 【答案】C

【解析】聚氯乙烯成本低廉，产品具有自阻燃的特性，故在建筑领域里用途广泛，尤其是在下水道管材、塑钢门窗、板材、人造皮革等方面用途最为广泛。

2. 【答案】C

【解析】聚氨酯复合风管适用于低、中、高压洁净空调系统及潮湿环境，但对酸碱性环境和防排烟系统不适用。

选项 A 不符合题意，玻璃纤维复合风管适用于中压以下的空调系统，但对洁净空调、酸碱性环境和防排烟系统以及相对湿度 90% 以上的系统不适用。

选项 B 不符合题意，酚醛复合风管适用于低、中压空调系统及潮湿环境，但对高压洁净空调、酸碱性环境和防排烟系统不适用。

选项 D 不符合题意，硬聚氯乙烯风管适用于洁净室含酸碱的排风系统。

3. 【答案】B

【解析】特种橡胶是指具有特殊性能，专供耐热、耐寒、耐化学腐蚀、耐油、耐溶剂、耐辐射等特殊性能要求使用的橡胶，如硅橡胶、氟橡胶、聚氨酯橡胶、丁腈橡胶等。

4. 【答案】A

【解析】交联聚乙烯管：无毒，卫生，透明。主要用于地板辐射供暖系统的盘管。塑复铜管：无毒，抗菌卫生，不腐蚀，不结垢，水质好，流量大，强度高，刚性大，耐热，抗冻、耐久，使用温度范围宽（－70～100℃），比铜管保温性能好。主要用作工业及生活饮用水，冷、热水输送管道。氯化聚氯乙烯管：高温机械强度高，适于受压的场合。主要应用于冷热水管、消防水管系统、工业管道系统。丁烯管：有较高的强度，韧性好，无毒。应用于饮用水、冷热水管，特别适用于薄壁、小口径压力管道。

考点 3 电气材料的分类及应用

1. 【答案】D

    【解析】选项A错误，钢芯铝绞线用于各种电压等级的长距离输电线路，抗拉强度大。铝绞线一般用于短距离电力线路。

    选项B错误，一般不采用铜绞线作为架空线路。

    选项C错误，圆单线属于裸导线的一种，不适用于长距离输电线路。

2. 【答案】ABCD

    【解析】电缆按用途分为电力电缆、通信电缆、控制电缆和信号电缆等；按绝缘材料分为纸绝缘电缆、橡胶绝缘电缆、塑料绝缘电缆等；电缆还分为阻燃电缆和耐火电缆。

3. 【答案】C

    【解析】高层建筑的垂直输配电应选用紧密型母线槽，可防止烟囱效应，其导体应选用长期工作温度不低于130℃的阻燃材料包覆。

4. 【答案】D

    【解析】KVVP用于敷设室内、电缆沟等要求屏蔽的场所；KVV$_{22}$等用于敷设在电缆沟、直埋地等能承受较大机械外力的场所；KVVR、KVVRP敷设于室内要求移动的场所。

5. 【答案】ABE

    【解析】绝缘材料按其化学性质不同可分为无机绝缘材料、有机绝缘材料和混合绝缘材料。

    （1）无机绝缘材料：有云母、石棉、大理石、瓷器、玻璃和硫黄等，主要用作电机和电器绝缘、开关的底板和绝缘子等。

    （2）有机绝缘材料：有矿物油、虫胶、树脂、橡胶、棉纱、纸、麻、蚕丝和人造丝等，大多用于制造绝缘漆、绕组和导线的被覆绝缘物等。选项C、D属于有机绝缘材料。

    （3）混合绝缘材料：由无机绝缘材料和有机绝缘材料经加工后制成的各种成型绝缘材料，主要用作电器的底座、外壳等。

第二节 机电工程常用设备

考点 1 通用设备的类型和性能

1. 【答案】D

    【解析】一幢30层（98m高）的高层建筑，其消防水泵的扬程应在130m以上。

2. 【答案】ABD

    【解析】压缩机的性能参数主要包括容积、流量、吸气压力、排气压力、工作效率、噪声等，选项A、B、D正确。选项C、E属于风机性能参数。

    【知识点拓展】关于泵、风机、压缩机的性能参数对比，见下表：

类别	性能参数		
泵	流量、功率、效率	转速	扬程
风机	流量、功率、效率	转速、比转速	动压、静压、全风压
压缩机	流量、工作效率	—	容积、噪声、吸气压力、排气压力

3. 【答案】ABE

    【解析】按照有无牵引件（链、绳、带）来划分，输送设备可分为：具有挠性牵引件的输送设备，如带式输送机、板式输送机、刮板式输送机、提升机、架空索道等；无挠性牵引件的输送设备，如螺旋输送机、辊子输送机、振动输送机、气力输送机等。

    选项C、D属于无挠性牵引件的输送设备。

考点 2 专用设备的类型和性能

1.【答案】 D

【解析】石化设备中主要用于完成介质的流体压力平衡和气体净化分离等的压力容器称为分离设备,如分离器、过滤器、集油器、缓冲器、洗涤器等。

选项 A、B 属于反应设备,选项 C 属于换热设备。

【知识点拓展】关于反应设备、换热设备、分离设备、储存设备的分类,具体见下表:

设备	举例
反应设备	反应器、反应釜、分解锅、聚合釜
换热设备	管壳式余热锅炉、热交换器、冷却器、冷凝器、蒸发器
分离设备	分离器、过滤器、集油器、缓冲器、洗涤器
储存设备	各种形式的储槽、储罐

2.【答案】 A

【解析】核电设备包括核岛设备、常规岛设备、辅助系统设备。

考点 3 电气设备的类型和性能

1.【答案】 A

【解析】直流电动机常用于拖动对调速要求较高的生产机械。它具有较大的启动转矩和良好的启动、制动性能,在较大范围内实现平滑调速的特点;其缺点是结构复杂,价格高。

2.【答案】 BCE

【解析】异步电动机是现代生产和生活中使用最广泛的一种电动机。其具有结构简单、制造容易、价格低廉、运行可靠、维护方便、坚固耐用等一系列优点。

【知识点拓展】关于同步电动机、异步电动机、直流电动机的性能对比,具体见下表:

电动机	性能
同步电动机	优点:转速恒定及功率因数可调 缺点:结构较复杂、价格较贵
异步电动机	优点:结构简单、制造容易、价格低廉、运行可靠、维护方便、坚固耐用等一系列优点。应用最广泛 缺点:与直流电动机相比,其启动性和调速性能较差,与同步电动机相比,其功率因数不高
直流电动机	优点:具有较大的启动转矩和良好的启动、制动性能,在较大范围内实现平滑调速 缺点:结构复杂,价格高

3.【答案】 CDE

【解析】变压器按其冷却介质分类分为油浸式变压器、干式变压器、充气式变压器等。选项 A、B 是按变换电压的不同分类。

4.【答案】 ABCD

【解析】变压器的主要技术参数有额定容量、额定电压、额定电流、空载电流、短路损耗、空载损耗、短路阻抗、连接组别等。

5.【答案】 D

【解析】低压电器及成套装置的性能主要有通断、保护、控制和调节,没有"变压"。

第二章 机电工程专业技术
第一节 机电工程测量技术

考点 1 测量方法与实施

1.【答案】 C

【解析】基准线测量:

(1)安装基准线的设置:安装基准线一般都是直线,只要定出两个基准中心点,就构成一条基准线。平面安装基准线不少于纵、横两条。选项 A、B 正确。

(2)安装标高基准点的设置:根据设备基础附近水准点,用水准仪测出标高具体数值。相邻安装基准点高差应在 0.5mm 以内。选项 C 错误。

(3)沉降观测点的设置:沉降观测采用二等

水准测量方法。每隔适当距离选定一个基准点与起算基准点组成水准环线。选项D正确。

2. 【答案】A
【解析】无论是建筑安装还是工业安装的工程测量，其基本程序都是：设置纵横中心线→设置标高基准点→设置沉降观测点→安装过程测量控制→实测记录等。

3. 【答案】ACE
【解析】高程控制测量的相关内容：
(1) 测区的高程系统，宜采用国家高程基准。选项A正确。
(2) 高程测量的方法有水准测量法、电磁波测距三角高程测量法，常用水准测量法。选项B错误。
(3) 一个测区及其周围至少应有三个水准点。水准点之间的距离，应符合规定。选项C正确。
(4) 高程控制测量等级划分：依次为二、三、四、五等。选项D错误。
(5) 设备安装过程中，测量时应注意：最好使用一个水准点作为高程起算点。当厂房较大时，可以增设水准点，但其观测精度应提高。选项E正确。

4. 【答案】B
【解析】连续生产设备安装的测量：
(1) 中心标板应在浇灌基础时，配合土建埋设，也可待基础养护期满后再埋设，选项A正确。
(2) 设备安装平面线不少于纵、横两条，选项B错误。
(3) 简单的标高基准点一般作为独立设备安装的基准点，选项C正确。
(4) 连续生产设备只能共用一条纵向基准线和一个预埋标高基准点，选项D正确。

5. 【答案】CE
【解析】在大跨越档距之间，通常采用电磁波测距法或解析法测量。

考点 2　测量仪器的应用

1. 【答案】C
【解析】水准仪是测量两点间高差的仪器，广泛用于控制、地形和施工放样等测量工作。

2. 【答案】A
【解析】经纬仪的应用：
(1) 光学经纬仪主要应用于机电工程建(构)筑物建立平面控制网的测量以及厂房(车间)柱安装垂直度的控制测量。
(2) 在机电安装工程中，用于测量纵向、横向中心线，建立安装测量控制网并在安装全过程进行测量控制。

3. 【答案】BDE
【解析】BIM放样机器人适用于机电系统众多、管线错综复杂、空间结构繁复多变等环境下施工。

4. 【答案】C
【解析】激光平面仪是一种建筑施工用的多功能激光测量仪器，其铅直光束通过五棱镜转为水平光束；微电机带动五棱镜旋转，水平光束扫描，给出激光水平面。适用于提升施工的滑模平台、网形屋架的水平控制和大面积混凝土楼板支模、灌注及抄平工作，精确方便、省力省工。

5. 【答案】BD
【解析】激光准直仪和激光指向仪：两者构造相近，用于沟渠、隧道或管道施工、大型机械安装、建筑物变形观测。

第二节　机电工程起重技术

考点 1　起重机械与索吊具的分类及选用要求

1. 【答案】B
【解析】轻小型起重设备可分为千斤顶、滑车、起重葫芦、卷扬机四大类。

2. 【答案】ABC
【解析】桥架型起重机主要有梁式起重机、桥式起重机、门式起重机、半门式起重机等。

3. 【答案】B

【解析】桅杆起重机的稳定系统主要包括缆风绳、地锚等。缆风绳与地面的夹角应在30°～45°之间，且应与供电线路、建筑物、树木保持安全距离。

4. 【答案】ABC

【解析】本题考查桅杆式起重机的组成。桅杆起重机由桅杆本体、动力-起升系统、稳定系统组成。

5. 【答案】ABCE

【解析】卷扬机的使用要求：

(1) 起重吊装中一般采用电动慢速卷扬机。选用卷扬机的主要参数有额定载荷、容绳量和额定速度。严禁超负荷使用卷扬机，在重大的吊装作业中，在牵引绳上应装设测力计。选项A正确。

(2) 卷扬机安装在平坦、开阔、前方无障碍且离吊装中心稍远一些的地方，使操作人员能直视吊装过程，同时又能接受指挥信号。用桅杆吊装时，离开的距离必须大于桅杆的长度。

(3) 卷扬机的固定应牢靠，严防倾覆和移动。可用地锚、建筑物基础和重物施压等为锚固点。选项B正确。绑缚卷扬机底座的固定绳索应从两侧引出，以防底座受力后移动。卷扬机固定后，应按其使用负荷进行预拉。选项C正确。

(4) 由卷筒到第一个导向滑车的水平直线距离应大于卷筒长度的25倍，且该导向滑车应设在卷筒的中垂线上，以保证卷筒的入绳角小于2°。选项D错误。

(5) 卷扬机上的钢丝绳应从卷筒底部放出，余留在卷筒上的钢丝绳不应少于4圈，以减少钢丝绳在固定处的受力。选项E正确。当在卷筒上缠绕多层钢丝绳时，应使钢丝绳始终顺序地逐层紧缠在卷筒上，最外一层钢丝绳应低于卷筒两端凸缘一个绳径的高度。

6. 【答案】ABCD

【解析】起重机选用的基本参数主要有吊装载荷、额定起重量、最大幅度、最大起升高度等，这些参数是制定吊装技术方案的重要依据。

7. 【答案】AD

【解析】反映流动式起重机的起重能力随臂长、幅度的变化而变化的规律和反映流动式起重机的起升高度随臂长、幅度变化而变化的规律的曲线称为起重机的特性曲线。

8. 【答案】C

【解析】流动式起重机的基础处理：

(1) 流动式起重机必须在水平坚硬地面上进行吊装作业。吊车的工作位置（包括吊装站位置和行走路线）的地基应进行处理。

(2) 根据其地质情况或以测定的地面耐压力为依据，采用合适的方法（一般施工场地的土质地面可采用开挖、回填、夯实的方法）进行处理。

(3) 处理后的地面应做耐压力测试，地面耐压力应满足吊车对地基的要求，在复杂地基上吊装重型设备，应请专业人员对基础进行专门设计。

9. 【答案】ACE

【解析】桅杆起重机的使用要求：

(1) 桅杆使用应具备质量和安全合格的文件：制造质量证明书；制造图、使用说明书；载荷试验报告；安全检验合格证书。

(2) 桅杆应严格按照使用说明书的规定使用。若不在使用说明书规定的性能范围内（包括桅杆使用长度、倾斜角度和主吊滑车张角角度三项指标中的任何一项）使用，则应根据使用条件对桅杆进行全面核算。

(3) 桅杆的使用长度应根据吊装设备、构件的高度确定。桅杆的直线度偏差不应大于度的1/1000，总长偏差不应大于20mm。

(4) 使用设计指定的螺栓，安装前应检查：应对螺纹部分涂抹抗咬合剂或润滑脂。连接螺栓拧紧后，螺杆应露出螺母3～5个螺距。拧紧螺栓时应对称逐次交叉进行。

(5) 桅杆组装后应履行验收程序，并应有相关人员签字确认。

10. 【答案】C

【解析】起重卸扣的使用要求：

(1) 吊装施工中使用的卸扣应按额定负荷标记选用，不得超载使用，无标记的卸扣不得使用。

(2) 卸扣表面应光滑，不得有毛刺、裂纹、尖角、夹层等缺陷，不得利用焊接的方法修补卸扣的缺陷。

(3) 卸扣使用前应进行外观检查，发现有永久变形或裂纹应报废。

(4) 使用卸扣时，只应承受纵向拉力。

考点 2　吊装方法和吊装稳定性要求

1. 【答案】DE

【解析】缆索系统吊装：用在其他吊装方法不便或不经济的场合，重量不大，跨度、高度较大的场合，如桥梁建造、电视塔顶设备吊装。

2. 【答案】B

【解析】网架采用提升或顶升时，验算载荷应包括吊装阶段结构自重和各种施工载荷，并乘以动力系数1.1。如采用拔杆，动力系数取1.2；如采用履带起重机或汽车起重机，动力系数取1.3。

3. 【答案】A

【解析】全埋式地锚可以承受较大的拉力，适合于重型吊装。

4. 【答案】B

【解析】本题考查的是吊装系统失稳的主要原因。吊装系统的失稳主要原因：多机吊装的不同步；不同起重能力的多机吊装荷载分配不均；多动作、多岗位指挥协调失误，桅杆系统缆风绳、地锚失稳。

5. 【答案】C

【解析】桅杆使用的要求：

(1) 桅杆的使用应执行桅杆使用说明书的规定，不得超载使用。

(2) 桅杆组装应执行使用说明书的规定，桅杆组装的直线度应小于其长度的1/1000，且总偏差不应超过20mm。

(3) 桅杆基础应根据桅杆载荷及桅杆竖立位置的地质条件及周围地下情况设计。

(4) 采用倾斜桅杆吊装设备时，其倾斜度不得超过15°。

(5) 当两套起吊索、吊具共同作用于一个吊点时，应加平衡装置并进行平衡监测。

(6) 吊装过程中，应对桅杆结构的直线度进行监测。

6. 【答案】ABD

【解析】起重机械失稳的主要原因：超载、支腿不稳定、机械故障、起重臂杆仰角超限等。而桅杆系统缆风绳、地锚失稳属于吊装系统失稳的原因。

7. 【答案】ABC

【解析】本题考查起重吊装作业失稳的原因及预防措施。对于细长、大面积设备或构件采用多吊点吊装。对薄壁设备进行加固加强；对型钢结构、网架结构的薄弱部位或杆件进行加固或加大截面，提高刚度。"多机吊装时通过主副指挥来实现多机吊装的同步"是吊装系统的失稳的预防措施；"打好支腿并用道木和钢板垫实和加固，确保支腿稳定"是起重机械失稳的预防措施。

8. 【答案】AE

【解析】本题考查桅杆的稳定性。

(1) 缆风绳的设置要求：

直立单桅杆顶部缆风绳的设置宜为6～8根，对倾斜吊装的桅杆应加设后背主缆风绳，后背主缆风绳的设置数量不应少于2根。

(2) 缆风绳与地面的夹角宜为30°，最大夹角不得超过45°；直立单桅杆各相邻缆风绳之间的水平夹角不得大于60°。

(3) 缆风绳应设置防止滑车受力后产生扭转的设施。

(4) 需要移动的桅杆应设置备用缆风绳。

考点 3　吊装方案的编制与实施

1. 【答案】ABE

【解析】起重吊装及起重机械安装拆卸工程划分范围见下表：

危大工程	（1）采用非常规起重设备、方法，且单件起吊重量在10kN及以上的起重吊装工程 （2）采用起重机械进行安装的工程 （3）起重机械安装和拆卸工程
超过一定规模的危大工程	（1）采用非常规起重设备、方法，且单件起吊重量在100kN及以上的起重吊装工程 （2）起重量300kN及以上，或搭设总高度200m及以上，或搭设基础标高在200m及以上的起重机械安装和拆卸工程

选项C、D属于危大工程，选项A、B、E属于超过一定规模的危大工程。

2. 【答案】BC

【解析】专项施工方案应当由总承包单位技术负责人及分包单位技术负责人共同审核签字并加盖单位公章。由总监理工程师审查签字、加盖执业印章后方可实施。

3. 【答案】D

【解析】施工单位应当在危大工程施工前组织工程技术人员编制专项施工方案。实行施工总承包的，专项施工方案应当由施工总承包单位组织编制。危大工程实行分包的，专项施工方案可以由相关专业分包单位组织编制。

第三节　机电工程焊接技术

考点 1　焊接设备和焊接材料的分类及选用

1. 【答案】C

【解析】接触腐蚀介质的焊件，应根据介质的性质及腐蚀特征选用不锈钢类焊条或其他耐腐蚀焊条。

2. 【答案】A

【解析】焊条的选用原则：
（1）焊缝金属的力学性能和化学成分匹配原则。

（2）保证焊接构件的使用性能和工作条件原则。
（3）满足焊接结构特点及受力条件原则。
（4）具有焊接工艺可操作性原则。
（5）提高生产率和降低成本原则。

3. 【答案】B

【解析】焊接气体分类及选用：
（1）焊接用保护气体，包括二氧化碳（CO_2）、氩气（Ar）、氦气（He）、氮气（N_2）、氧气（O_2）和氢气（H_2）。
（2）气焊、切割常用气体，助燃气体（O_2）；可燃气体：乙炔、丙烷、液化石油气、天然气等。

4. 【答案】BDE

【解析】焊接气体分类及选用：
（1）焊接用保护气体，包括二氧化碳（CO_2）、氩气（Ar）、氦气（He）、氮气（N_2）、氧气（O_2）和氢气（H_2）。
（2）气焊、切割常用气体，助燃气体（O_2）；可燃气体：乙炔、丙烷、液化石油气、天然气等。

5. 【答案】ADE

【解析】满足焊接结构特点及受力条件原则：对结构形状复杂、刚性大的厚大焊件，在焊接过程中，冷却速度快，收缩应力大，易产生裂纹，应选用抗裂性好、韧性好、塑性高、氢裂纹倾向低的焊条。例如：低氢型焊条、超低氢型焊条和高韧性焊条等。

考点 2　焊接方法和焊接工艺

1. 【答案】BCE

【解析】焊接参数是焊接时为保证焊接质量而选定的各项参数（例如：焊接电流、焊接电压、焊接速度、焊接线能量等）的总称。

2. 【答案】BCD

【解析】决定焊条电弧焊焊接线能量的主要参数就是焊接速度、焊接电流和电弧电压。

3. 【答案】C

【解析】钢制储罐底板的幅板之间、幅板与边缘板之间、人孔（接管）或支腿补强板与容器壁板（顶板）之间等常用搭接连接。

4. 【答案】B

【解析】焊接位置：熔焊时，焊件接缝所处的空间位置，可用焊缝倾角和焊缝转角来表示，有平焊、立焊、横焊和仰焊位置。

5. 【答案】A

【解析】坡口形式：根据坡口的形状，坡口分成Ⅰ形（不开坡口）、V形、单边V形、U形、双U形、J形等各种坡口形式。根部间隙：焊前在接头根部之间预留的空隙称为根部间隙，其作用在于打底焊时能保证根部焊透。根部间隙又叫装配间隙。钝边焊件开坡口时，沿焊件接头坡口根部的端面直边部分叫钝边，钝边的作用是防止根部烧穿。

6. 【答案】C

【解析】锅炉受压元件安装前，应制定焊接工艺评定作业指导书，并进行焊接工艺评定。焊接工艺评定合格后，应编制用于施工的焊接作业指导书。

7. 【答案】ACD

【解析】焊缝的形状用一系列几何尺寸来表示时，不同形式的焊缝，其形状参数也不一样。例如：对接接头、对接焊缝形状尺寸包括：焊缝长度、焊缝宽度、焊缝余高；T接头对接焊缝或角焊缝形状尺寸包括：焊脚、焊脚尺寸、焊缝凸（凹）度。

8. 【答案】A

【解析】钢结构工程焊接难度分为A级（易）、B级（一般）、C级（较难）、D级（难），其影响因素包括板厚、钢材分类、受力状态、钢材碳当量。

9. 【答案】D

【解析】钨极惰性气体保护焊的特点：

(1) 电弧热量集中，可精确控制焊接热输入，焊接热影响区窄。

(2) 焊接过程不产生熔渣、无飞溅，焊缝表面光洁。

(3) 焊接过程无烟尘，熔池容易控制，焊缝质量高。

(4) 焊接工艺适用性强，几乎可焊接所有

的金属材料。

(5) 焊接参数可精确控制，易于实现焊接过程全自动化。

10. 【答案】B

【解析】焊接工艺评定是为验证所拟定的焊接工艺正确性而进行的试验过程及结果评价。记载验证性的数据结果，对拟定的焊接工艺进行评价的报告称为焊接工艺评定报告。

考点 3　焊接质量检验

1. 【答案】CD

【解析】焊缝表面无损检测方法通常是指磁粉检测和渗透检测；焊缝内部无损检测方法通常是射线检测和超声检测。

2. 【答案】D

【解析】焊缝表面不允许存在的缺陷包括裂纹、未焊透、未熔合、表面气孔、外露夹渣、未焊满。允许存在的其他缺陷情况应符合现行国家相关标准，例如：咬边、角焊缝厚度不足、角焊缝焊脚不对称等。

3. 【答案】ABD

【解析】焊接检验方法：

(1) 破坏性检验。

常用的破坏性检验包括力学性能试验（弯曲试验、拉伸试验、冲击试验、硬度试验、断裂性试验、疲劳试验）、化学分析试验（化学成分分析、不锈钢晶间腐蚀试验、焊条扩散氢含量测试）、金相试验（宏观组织、微观组织）、焊接性试验。

(2) 非破坏性检验。

常用的非破坏性检验包括外观检验、无损检测（渗透检测、磁粉检测、超声检测、射线检测）、耐压试验和泄漏试验。

第三章　建筑机电工程施工技术

第一节　建筑给水排水与供暖工程施工技术

考点 1　建筑给水排水与供暖的分部分项工程及施工程序

1. 【答案】C

【解析】动设备施工程序：施工准备→设备开箱验收→基础验收→设备安装就位→设备找平找正→二次灌浆→单机试运行。

2. 【答案】C

【解析】静设备施工程序：施工准备→设备开箱验收→基础验收→设备安装就位→设备找平找正→二次灌浆→设备压力试验（满水试验）。

3. 【答案】B

【解析】室内热水系统施工程序：施工准备→材料验收→配合土建预留、预埋→管道测绘放线→管道支架制作→管道加工预制→管道支架安装→管道及器具安装→系统压力试验→防腐绝热→系统通水试验→系统冲洗→试运行。

4. 【答案】C

【解析】室外给水管网施工程序：施工准备→材料验收→管道测绘放线→管道沟槽开挖→管道加工预制→管道安装→系统压力试验→防腐绝热→系统通水试验→系统冲洗、消毒→管沟回填。

5. 【答案】C

【解析】监测与控制仪表施工程序：施工准备→监测与控制仪表验收→监测与控制仪表鉴定校准→监测与控制仪表安装→试运行。

考点 2　建筑给水排水与供暖管道施工技术

1. 【答案】AD

【解析】本题考查的是高层建筑给水管道常用的连接方法，其中铜管连接可采用专用接头或焊接。

2. 【答案】A

【解析】直径较大的管道采用法兰连接。法兰连接一般用在主干道连接阀门、水表、水泵等处，以及需要经常拆卸、检修的管段上。镀锌管如用法兰连接，焊接处应进行二次镀锌或防腐。

3. 【答案】ABDE

【解析】高层建筑管道安装的连接方式有螺纹连接、法兰连接、焊接连接、沟槽连接、卡套式连接、卡压连接、热熔连接、承插连接、粘接连接、电熔连接。

4. 【答案】BC

【解析】选项A错误，钢塑复合管一般采用螺纹连接。

选项B正确，焊接适用于非镀锌钢管，多用于暗装管道和直径较大的管道，并在高层建筑中应用较多。

选项C正确，镀锌管道采用螺纹或沟槽连接时，镀锌层破坏的表面及外露螺纹部分应进行防腐处理。采用焊接和法兰焊接连接时，对焊缝及热影响区的表面应进行二次镀锌或防腐处理。镀锌管如用法兰连接，焊接处应进行二次镀锌或防腐。

选项D错误，PP-R管采用热熔器进行热熔连接。

选项E错误，沟槽式连接可用于空调冷热水、给水、雨水等系统直径大于或等于100mm的镀锌钢管或钢塑复合管，也可用于大于50mm的消火栓架空管道。

5. 【答案】C

【解析】水平管道金属保护层的环向接缝应顺水搭接，纵向接缝应位于管道的侧下方，并顺水；立管金属保护层的环向接缝必须上搭下。

6. 【答案】AE

【解析】选项A正确，选项B错误，民用建筑的排水通气管不得与风道或烟道连接。

选项C错误，通气管应高出屋面300mm，且必须大于最大积雪厚度。

选项D错误，在通气管出口4m以内有门、窗时，通气管应高出门、窗顶600mm或引向无门、窗一侧。

选项E正确，在经常有人停留的平屋顶上，通气管应高出屋面2m，并应根据防雷要求设置防雷装置；屋顶有隔热层应从隔热层板面算起。

7. 【答案】B

【解析】冷、热水管道上下平行安装时热水管道应在冷水管道上方，垂直时热水管道在冷水管道左侧。

8. 【答案】B

【解析】阀门安装前，应按国家现行相关标准要求进行强度和严密性试验，试验应在每批（同牌号、同型号、同规格）数量中抽查10%，且不少于1个。故选项B正确。

9. 【答案】AB

【解析】安装在主干管上起切断作用的闭路阀门，应逐个做强度试验和严密性试验，选项A、B正确。

10. 【答案】C

【解析】地下室或地下构筑物外墙有管道穿过的，应采取防水措施。对有严格防水要求的建筑物，必须采用柔性防水套管。

11. 【答案】D

【解析】管道的防腐方法主要有涂漆、衬里、静电保护和阴极保护等，即选项A、B、C。例如：进行手工油漆涂刷时，漆层要厚薄均匀一致。多遍涂刷时，必须在上一遍涂膜干燥后才可涂刷第二遍。选项D加热保护是管道绝热的类型。

考点 3　建筑给水排水与供暖设备安装技术

【答案】A

【解析】散热器背面与装饰后的墙内表面安装距离，应符合设计或产品说明书要求。如设计未注明，应为30mm。

考点 4　建筑给水排水与供暖系统调试和检测

1. 【答案】A

【解析】供暖管道系统冲洗完毕后应充水、加热，进行试运行和调试，观察、测量室温满足设计要求为合格。

2. 【答案】A

【解析】供暖分汽缸（分水器、集水器）安装前应进行水压试验，试验压力为工作压力的1.5倍，但不得小于0.6MPa。

3. 【答案】D

【解析】供暖系统安装完毕，管道保温之前应进行水压试验。试验压力应符合设计要求。当设计未注明时，水压试验检验方法：
(1) 蒸汽、热水供暖系统，应以系统顶点工作压力加0.1MPa做水压试验，同时在系统顶点的试验压力不小于0.3MPa。
(2) 高温热水供暖系统，试验压力应为系统顶点工作压力加0.4MPa。
(3) 使用塑料管及复合管的热水供暖系统，应以系统顶点工作压力加0.2MPa做水压试验，同时在系统顶点的试验压力不小于0.4MPa。

检验方法：使用钢管及复合管的供暖系统应在试验压力下10min内压力降不大于0.02MPa，降至工作压力后检查，不渗、不漏；使用塑料管的供暖系统应在试验压力下1h内压力降不大于0.05MPa，然后降压至工作压力的1.15倍，稳压2h，压力降不大于0.03MPa，同时各连接处不渗、不漏。

第二节　建筑电气工程施工技术

考点 1　建筑电气的分部分项工程及施工程序

1. 【答案】B

【解析】配电柜（开关柜）安装程序：开箱检查→二次搬运→基础框架制作安装→柜体固定→母线连接→二次线路连接→试验调整→送电运行验收。

2. 【答案】C

【解析】干式变压器施工程序：开箱检查→变压器二次搬运→变压器本体安装→附件安装→变压器交接试验→送电前检查→送电运行验收。

3. 【答案】C

【解析】照明灯具施工程序：灯具开箱检查→灯具组装→灯具安装接线→送电前检查→送电运行。

4. 【答案】A

【解析】建筑防雷接地施工程序：接地体施工→接地干线施工→引下线敷设→均压环施工→接闪带（接闪杆、接闪网）施工。

考点 2　变配电和配电线路施工技术

1.【答案】 B

【解析】变压器施工技术要求：

(1) 干式变压器安装位置应正确，附件齐全。紧固件及防松零件齐全，紧固件及防松零件抽查5%。

(2) 干式变压器箱体、支架、基础型钢及外壳应分别单独与保护导体可靠连接。

2.【答案】 BD

【解析】选项B错误，箱式变电所及其落地式配电箱的基础应高于室外地坪，周围排水通畅。选项D错误，配电柜安装垂直度允许偏差为1.5‰，相互间接缝不应大于2mm，成列柜面偏差不应大于5mm。

3.【答案】 B

【解析】用1000V兆欧表测量每节母线槽的绝缘电阻，绝缘电阻值不得小于20MΩ。

4.【答案】 C

【解析】母线槽通电前，母线槽的金属外壳应与外部保护导体完成连接，且母线绝缘电阻测试和交流工频耐压试验应合格，母线槽绝缘电阻值不应小于0.5MΩ。

5.【答案】 C

【解析】母线槽施工技术要求：

(1) 母线槽防潮密封应良好，附件应齐全、无缺损，绝缘材料无破损，外壳应无明显变形，母线螺栓搭接面应平整、镀层覆盖应完整、无起皮和麻面。

(2) 有防护等级要求的母线槽应检查产品及附件的防护等级，母线槽连接用部件的防护等级应与母线槽本体防护等级一致。其标识应完整。防火型母线槽应有防火等级和燃烧报告。

(3) 用1000V兆欧表测量每节母线槽的绝缘电阻，绝缘电阻值不得小于20MΩ。

(4) 母线槽支架安装应牢固、无明显扭曲，采用金属吊架固定时，应设有防晃支架。

(5) 室内配电母线槽的圆钢吊架直径不得小于8mm，室内照明母线槽的圆钢吊架直径不得小于6mm。

(6) 水平或垂直敷设的母线槽，每节不得少于1个支架，其间距应符合产品技术文件的要求，距拐弯0.4~0.6m处应设置支架，固定点位置不应设置在母线槽的连接处或分接单元处。

(7) 重力不小于150N/m母线槽应进行抗震设防，设置抗震支架。

(8) 多根母线槽并列水平或垂直敷设时，各相邻母线槽间应预留维护、检修距离。插接箱外壳应与母线槽外壳连通，接地良好。

(9) 母线槽安装完毕后，应对穿越防火墙和楼板的孔洞进行防火封堵。

(10) 母线槽通电前，母线槽的金属外壳应与外部保护导体完成连接，且母线绝缘电阻测试和交流工频耐压试验应合格，母线槽绝缘电阻值不应小于0.5MΩ。

6.【答案】 D

【解析】配电柜内接线要求：

(1) 开关柜、配电柜的金属框架及基础型钢应与保护导体可靠连接，柜门和金属框架的接地应选用截面积不小于4mm²的绝缘铜芯软导线连接，并有接地标识。

(2) 开关柜、配电柜二次回路的绝缘导线的额定电压不应低于450/750V，对于铜芯绝缘导线和铜芯电缆的导体截面积，在电流回路中不应小于2.5mm²，其他回路中不应小于1.5mm²。

(3) 低压成套配电柜线路的线间和线对地间绝缘电阻值，一次线路不应小于0.5MΩ，二次线路不应小于1MΩ。

(4) 高、低压成套配电柜试运行前必须交接试验合格。

7.【答案】 C

【解析】槽盒内的绝缘导线总截面积（包括外护套）不应超过槽盒内截面积的40%。

考点 3　电气照明与电气动力施工技术

1.【答案】 BCE

【解析】照明配电箱安装技术要求：

(1) 照明配电箱检查。
①照明配电箱的箱体及内部绝缘隔板应采用不燃材料制作。
②箱内宜分别设置中性导体（N）和保护接地导体（PE）汇流排。
(2) 照明配电箱安装要求。
①箱体应安装牢固、位置正确、部件齐全，安装高度应符合设计要求，垂直度允许偏差不应大于1.5‰。
②照明配电箱不应设置在水管的正下方。
③箱体开孔应与导管管径适配，暗装配电箱箱盖应紧贴墙面，箱（盘）涂层应完整。
(3) 照明配电箱内配线要求。
①箱（盘）内配线应整齐，无绞接现象；导线连接紧密，不伤线芯、不断股。
②箱（盘）内回路编号应齐全，标识应正确、清晰。
③N 或 PE 汇流排的同一端子上不应连接不同回路的 N 或 PE。
④同一电器器件接线端子上的导线连接不应多于2根，且防松垫圈等零件应齐全。

2.【答案】C
【解析】灯具安装应牢固可靠，在砌体和混凝土结构上严禁使用木楔、尼龙塞或塑料塞固定。
Ⅰ类灯具的外露可导电部分必须用铜芯软导线与保护导体可靠连接，连接处应有接地标识。
质量大于3kg的悬吊灯具，固定在螺栓或预埋吊钩上，螺栓或预埋吊钩的直径不应小于灯具挂销直径，且不应小于6mm。
质量大于10kg的灯具的固定及悬吊装置应按灯具重量的5倍做恒定均布载荷强度试验，持续时间不得少于15min。

3.【答案】ABC
【解析】选项 D 错误，相线（L）与中性线（N）不应利用插座本体的接线端子转接供电。
选项 E 错误，保护接地线（PE）在插座之间不得串联连接。

4.【答案】A
【解析】电动机安装要求：
(1) 电动机应与所驱动的机械安装固定在同一框架上，并按设计要求采取减振措施。
(2) 电动机外露可导电部分必须与保护导体可靠连接。
(3) 低压电动机的绝缘电阻值不应小于 0.5MΩ。
(4) 电动机安装应牢固，螺栓及防松零件齐全，不松动。防水防潮电动机的接线入口及接线盒盖等应做密封处理。

考点 4　建筑防雷与接地施工技术

1.【答案】ABC
【解析】垂直埋设的金属接地体一般采用镀锌角钢、镀锌钢管、镀锌圆钢等。

2.【答案】BD
【解析】接闪带的搭接长度规定：扁钢之间搭接为扁钢宽度2倍，三面施焊；圆钢之间搭接为圆钢直径的6倍，双面施焊；圆钢与扁钢搭接为圆钢直径的6倍，双面施焊。

第三节　通风与空调工程施工技术

考点 1　通风与空调的分部分项工程及施工程序

1.【答案】D
【解析】通风与空调工程按《建筑工程施工质量验收统一标准》（GB 50300—2013），通风与空调系统常用的子分部工程包括送、排风系统、防排烟系统、舒适性空调风系统、净化空调风系统、空调（冷、热）水系统、冷却水系统、冷凝水系统、多联机（热泵）空调系统。
选项 D 属于建筑电气工程。

2.【答案】ABC
【解析】防排烟系统包括：风管与部件制作，风管系统安装，风机与空气处理设备安装，风管与设备防腐，排烟风阀（口）、正压送风口、防火风管安装，系统调试。
选项 D 属于排风系统，选项 E 属于送风系统。

3. 【答案】B
【解析】空调水系统管道施工程序：管道预制→管道支吊架制作与安装→管道与附件安装→水压试验→冲洗→质量检查。

4. 【答案】C
【解析】制冷机组安装程序：基础验收→机组运输吊装→机组减振装置安装→机组就位安装→机组配管→质量检查。

5. 【答案】A
【解析】水泵安装程序：基础验收→减振装置安装→水泵就位→找正找平→配管及附件安装→质量检查。

考点 2　通风与空调系统施工技术

1. 【答案】ABCE
【解析】通风与空调工程风管，按其工作压力划分为微压、低压、中压、高压四个等级类别。

2. 【答案】C
【解析】选项A、D正确，复合材料风管的覆面材料必须为不燃材料，内层的绝热材料应采用不燃或难燃且对人体无害的材料。
选项C错误，当设计无规定时，镀锌钢板板材的镀锌层厚度不应低于80g/m²。
选项B正确，防火风管的本体、框架与固定材料、密封垫料等必须为不燃材料，防火风管的耐火极限时间应符合系统防火设计的规定。

3. 【答案】ACDE
【解析】风管针对其工作压力等级、板材厚度、风管长度与断面尺寸，采取相应的加固措施。

4. 【答案】BC
【解析】矩形内斜线和内弧形弯头应设导流片，以减少风管局部阻力和噪声。

5. 【答案】AD
【解析】选项A正确，风管安装就位的程序通常为先上层后下层、先主干管后支管、先立管后水平管。
选项B错误，输送含有易燃、易爆气体的风管系统通过生活区或其他辅助生产房间时不得设置接口。
选项C错误，切断支、吊、托架的型钢及其开螺孔应采用机械加工，不得用电气焊切割。
选项D正确，风管穿过需要封闭的防火、防爆楼板或墙体时，必须设置厚度不小于1.6mm的钢制防护套管；风管与防护套管之间应采用不燃柔性材料封堵严密。
选项E错误，风管内严禁其他管线穿越。

6. 【答案】BCDE
【解析】严密性检验，主要检验风管、部件制作加工后的咬口缝、铆接孔、风管的法兰翻边、风管管段之间的连接严密性，检验合格后方能交付下道工序。

7. 【答案】B
【解析】冷（热）水、冷却水与蓄能（冷、热）系统的强度试验压力，当工作压力小于或等于1.0MPa时，金属管道及金属复合管道应为1.5倍工作压力，最低不应小于0.6MPa；当工作压力大于1.0MPa时，应为工作压力加0.5MPa。故本题中的试验压力应为：0.9×1.5＝1.35（MPa）。

8. 【答案】ABCD
【解析】风机盘管机组进场时，应对机组的供冷量、供热量、风量、水阻力、功率及噪声等性能进行见证取样检验。

考点 3　通风与空调系统的调试和检测

1. 【答案】A
【解析】通风机、空气处理机组中的风机，叶轮旋转方向正确、运转平稳、无异常振动与声响，其电机运行功率应符合设备技术文件的规定。在额定转速下连续运转2h后，滑动轴承与滚动轴承的温升应符合相关规范要求。

2. 【答案】ACDE
【解析】系统非设计满负荷条件下的联合试运转及调试内容：
（1）监测与控制系统的检验、调整与联动

运行。

(2) 系统风量的测定和调整。

(3) 空调水系统的测定和调整。

(4) 室内空气参数的测定和调整。

(5) 防排烟系统测定和调整。防排烟系统测定风量、风压及疏散楼梯间等处的静压差，并调整至符合设计与消防的规定。

3. 【答案】ADE

【解析】选项A正确，设备单机试运转安全保证措施要齐全、可靠，并有书面的安全技术交底。

选项B、C错误，通风系统的连续试运行应不少于2h，空调系统带冷（热）源的连续试运行应不少于8h。

选项D正确，系统总风量调试结果与设计风量的允许偏差应为－5%～+10%。

选项E正确，空调冷（热）水系统、冷却水系统总流量与设计流量的偏差不应大于10%。

考点 4　净化空调系统施工技术

1. 【答案】C

【解析】洁净度等级N6级至N9级，且工作压力小于等于1500Pa的，按中压系统的风管制作要求。

2. 【答案】B

【解析】选项A正确，洁净度等级N1级至N5级的按高压系统的风管制作要求。

选项B错误，净化空调系统的检测和调整应在系统正常运行24h及以上，达到稳定后进行。

选项C正确，工程竣工洁净室（区）洁净度的检测，应在空态或静态下进行。

选项D正确，检测时，室内人员不宜多于3人，并应穿着与洁净室等级相适应的洁净工作服。

第四节　智能化系统工程施工技术

考点 1　智能化系统的分部分项工程及施工程序

1. 【答案】B

【解析】建筑设备监控系统施工程序：导管、槽盒安装→监控箱的安装→线缆敷设→监控设备的安装→设备接线→监控设备通电调试→被监控设备单项通电调试→系统联合调试→试运行→系统验收。

2. 【答案】ABCD

【解析】建筑智能化产品进口设备应提供原产地证明、商检证明、质量合格证明、检测报告、安装使用及维护说明书的中文文本。

考点 2　智能化系统施工技术

1. 【答案】BCE

【解析】智能化系统电动风阀控制器安装前，应检查线圈和阀体间的电阻、供电电压、输入信号等是否符合要求，宜进行模拟动作检查。

2. 【答案】ABC

【解析】电磁阀、电动调节阀安装前，应按说明书规定检查线圈与阀体间的电阻，进行模拟动作试验和压力试验。阀门外壳上的箭头指向与水流方向一致。

考点 3　智能化系统的调试和检测

1. 【答案】BCE

【解析】建筑智能化系统检测的条件：

(1) 系统检测应在系统试运行合格后进行。

(2) 系统检测前应提交的资料：工程技术文件；设备材料进场检验记录和设备开箱检验记录；自检记录；分项工程质量验收记录；试运行记录。

建筑智能化系统检测实施：

(1) 依据工程技术文件和规范规定的检测项目、检测数量及检测方法编制系统检测方案，检测方案经建设单位或项目监理批准后实施。

(2) 按系统检测方案所列检测项目进行检测，系统检测的主控项目和一般项目应符合规范规定。

(3) 系统检测程序：分项工程→子分部工程→分部工程。

(4) 系统检测合格后，填写分项工程检测记录、子分部工程检测记录和分部工程检测汇总记录。

(5) 分项工程检测记录、子分部工程检测记录和分部工程检测汇总记录由检测小组填写，检测负责人做出检测结论，监理（建设）单位的监理工程师（项目专业技术负责人）签字确认。

2. 【答案】C

【解析】摄像机、探测器、出入口识读设备、电子巡查信息识读器等设备抽检的数量不应低于20%，且不应少于3台，数量少于3台时应全部检测。

第五节　电梯工程安装技术

考点 1　电梯的分部分项工程与安装验收规定

1. 【答案】A

【解析】曳引式电梯组成：

(1) 从系统功能分：由曳引系统、导向系统、轿厢系统、门系统、重量平衡系统、驱动系统、控制系统和安全保护系统等组成。

(2) 从空间占位分：由机房、井道、轿厢、层站四大部分组成。

2. 【答案】D

【解析】电梯安装单位自检试运行结束后，由制造单位负责进行校验和调试。

3. 【答案】ABCD

【解析】电梯制造厂提供的资料：

(1) 制造许可证明文件，其范围能够覆盖所提供电梯的相应参数。

(2) 电梯整机型式检验合格证书或报告书，其内容能够覆盖所提供电梯的相应参数。

(3) 产品质量证明文件，注有制造许可文件编号、该电梯的产品出厂编号、主要技术参数和门锁装置、限速器、安全钳、缓冲器、含有电子元件的安全电路、轿厢上行超速保护装置、驱动主机、控制柜等安全保护装置和主要部件的型号和编号等内容，并且有电梯整机制造单位的公章或检验合格章以及出厂日期。

(4) 门锁装置、限速器、安全钳、缓冲器、含有电子元件的安全电路、轿厢上行超速保护装置、驱动主机、控制柜等安全保护装置和主要部件的型式检验合格证，以及限速器和渐进安全钳的调试证书。

(5) 机房或井道布置图，其顶层高度、底坑深度、楼层间距、井道内防护、安全距离、井道下方人可以进入空间等满足安全要求。

(6) 电气原理图，包括动力电路和连接电气安全装置的电路。

(7) 安装使用维护说明书，包括安装、使用、日常维护保养和应急救援等方面操作说明的内容。

4. 【答案】C

【解析】电梯安装单位提供的资料：

(1) 安装许可证和安装告知书，许可证范围能够覆盖所施工电梯的相应参数。

(2) 审批手续齐全的施工方案。

(3) 施工现场作业人员持有的特种设备作业证。

考点 2　电梯及自动扶梯安装技术

1. 【答案】B

【解析】厅门预留孔必须设有高度不小于1200mm的安全保护围封（安全防护门），采用左右开启方式，不能上下开启，应有足够的强度，保护围封下部应有高度不小于100mm的踢脚板，机房通向井道的预留孔设置临时盖板。

2. 【答案】A

【解析】自动扶梯（自动人行道）应进行空载制动试验，制停距离应符合相关标准规范的要求。

3. 【答案】ABC

【解析】自动扶梯（自动人行道）安全保护验收：

(1) 自动扶梯（自动人行道）无控制电压或电路接地故障及过载时必须自动停止运行。

(2) 自动扶梯（自动人行道）发生下列情况时，必须通过安全触点或安全电路使开关断开并停止运行：

①梯级、踏板下陷，或胶带进入梳齿板处有异物夹住，且产生损坏梯级、踏板或胶带支撑结构。

②直接驱动梯级、踏板或胶带的部件（如链条或齿条）断裂或过分伸长。

③控制装置在超速和运行方向非操纵逆转下动作。

④无中间出口的连续安装的多台自动扶梯（自动人行道）中的一台停止运行。

⑤附加制动器动作。

⑥驱动装置与转向装置之间的距离（无意性）缩短。

⑦扶手带入口保护装置动作。

4. 【答案】C

【解析】层门关闭后，层门下端与地坎的间隙，乘客电梯不应大于6mm。

5. 【答案】D

【解析】轿厢缓冲器支座下的底坑地面应能承受满载轿厢静载4倍的作用力。

6. 【答案】B

【解析】限速器外观清洁无油污，动作速度整定封记完好，且无拆动痕迹。

安全钳的整定封记应完好，且无拆动痕迹。安全钳与导轨的间隙应符合电梯设计要求。

缓冲器安装：

(1) 缓冲器应无锈蚀、油路通畅，并按说明书要求注满缓冲器油。液压缓冲器柱塞铅垂度不应大于0.5%。

(2) 轿厢、对重的缓冲器撞板中心与缓冲器中心的偏差不应大于20mm。

(3) 当轿厢或对重底部使用多个缓冲器时，各缓冲器顶面与轿厢或对重之间的距离偏差不应大于2mm。缓冲器缓冲距离应依据电梯设计要求进行调整，并在井道壁上做出尺寸标记。

(4) 缓冲器动作试验时，其柱体从完全压缩到完全复位，时间不能大于120s，缓冲器在未恢复到正常位置前，电气开关不能复位，电梯不能启动。

7. 【答案】ABCE

【解析】本题考查的是电梯整机验收的要求。安全钳、缓冲器、限速器、门锁装置必须与其型式试验证书相符。

8. 【答案】B

【解析】层门与轿门的试验时，每层层门必须能够用三角钥匙正常开启，当一个层门或轿门非正常打开时，电梯严禁启动或继续运行。

9. 【答案】A

【解析】导体之间和导体对地之间的绝缘电阻必须大于$1000\Omega/V$。

10. 【答案】B

【解析】限速器与安全钳电气开关在联动试验中必须动作可靠，且应使驱动主机立即制动。

11. 【答案】A

【解析】自动扶梯的梯级、自动人行道的踏板或胶带上空，垂直净高度不应小于2.3m。

第六节 消防工程施工技术

考点 1 消防系统的分部分项工程及施工程序

【答案】B

【解析】消火栓系统施工程序：施工准备→干管安装→立管、支管安装→箱体稳固→附件安装→强度和严密性试验→冲洗→系统调试。

考点 2 消防工程施工技术要求

1. 【答案】C

【解析】排烟防火阀的安装位置、方向应正确，阀门应顺气流方向关闭，防火分区隔墙两侧的防火阀，距墙表面应不大于200mm。

2. 【答案】B

【解析】选项A正确，火电厂单台发电机组容量为300MW及以上的，应设置企业消防站，站内应配备不少于2辆消防车，其中一辆为水罐或泡沫消防车，另一辆可为干粉或干粉泡沫联用车。

选项B错误，石油储备库，地上固定顶储罐、内浮顶储罐和地上卧式储罐应设低倍数泡沫灭火系统或中倍数泡沫灭火系统，以及消防冷却水系统和火灾自动报警系统。

选项C正确，储存锌粉、碳化钙、低亚硫酸钠等遇水燃烧物品的仓库不得设置室内外消防给水。

选项D正确，燃气轮发电机组（包括燃气轮机、齿轮箱、发电机和控制间），宜采用全淹没气体灭火系统，并应设置火灾自动报警系统。

3. 【答案】C

【解析】室内消火栓栓口中心距地面应为1.1m。地下式消火栓顶部进水口或顶部出水口应正对井口。室内消火栓安装完成后，应取屋顶层（或水箱间内）试验消火栓和首层取两处消火栓进行试射试验，达到试验要求为合格。

4. 【答案】B

【解析】直立型、下垂型洒水喷头与顶板的距离应为75～150mm；喷头安装必须在系统试压、冲洗合格后进行。喷头安装应使用专用扳手，严禁利用喷头的框架施拧。

5. 【答案】ABCE

【解析】自动喷水灭火系统的调试应包括：水源测试；消防水泵调试；稳压泵调试；报警阀调试；排水设施调试；联动试验。

考点 3　消防工程验收规定与实施

1. 【答案】D

【解析】建筑总面积为25000m²的建设工程，建设单位应当向住房和城乡建设主管部门申请消防设计审查，并在建设工程竣工后向消防设计审查验收主管部门申请消防验收。

2. 【答案】B

【解析】现场评定结束后，消防设计审查验收主管部门依据消防验收有关评定规则，给出验收结论，并形成《建筑工程消防验收意见书》。

3. 【答案】C

【解析】消防工程的主要设施已安装调试完毕，仅留下室内精装修时，对安装的探测、报警、显示和喷头等部件的消防验收，称为粗装修消防验收。粗装修消防验收属于消防设施的功能性验收。验收合格后，建筑物尚不具备投入使用的条件。

4. 【答案】ABC

【解析】建设单位申请消防验收应当提供下列材料：
(1) 消防验收申报表。
(2) 工程竣工验收报告。
(3) 涉及消防的建设工程竣工图纸。

5. 【答案】C

【解析】建筑总面积大于1000m²的托儿所、幼儿园的儿童用房，儿童游乐厅等室内儿童活动场所，养老院、福利院，医院、疗养院的病房楼，中小学校的教学楼、图书馆、食堂，学校的集体宿舍，劳动密集型企业的员工集体宿舍，建设单位应当向本行政区域内地方人民政府住房和城乡建设主管部门申请消防设计审查，并在建设工程竣工后向消防设计审查验收主管部门申请消防验收。

6. 【答案】C

【解析】具有下列情形之一的特殊建设工程，建设单位应当向本行政区域内地方人民政府住房和城乡建设主管部门申请消防设计审查，并在建设工程竣工后向消防设计审查验收主管部门申请消防验收。
(1) 建筑总面积大于20000m²的体育场馆、会堂，公共展览馆、博物馆的展示厅。
(2) 建筑总面积大于15000m²的民用机场航站楼、客运车站候车室、客运码头候船厅。
(3) 建筑总面积大于10000m²的宾馆、饭店、商场、市场。
(4) 建筑总面积大于2500m²的影剧院，公共图书馆的阅览室，营业性室内健身、休闲场馆，医院的门诊楼，大学的教学楼、图书馆、食堂，劳动密集型企业的生产加工车间等。

(5)建筑总面积大于1000m²的托儿所、幼儿园的儿童用房，儿童游乐厅等室内儿童活动场所，养老院、福利院，医院、疗养院的病房楼，中小学校的教学楼、图书馆、食堂，学校的集体宿舍，劳动密集型企业的员工集体宿舍。

(6)建筑总面积大于500m²的歌舞厅、放映厅、夜总会、游艺厅、桑拿浴室、网吧、酒吧等，具有娱乐功能的餐馆、茶馆、咖啡厅等。

(7)国家工程建设消防技术标准规定的一类高层住宅建筑。

(8)城市轨道交通、隧道工程，大型发电、变配电工程。

(9)生产、储存、装卸易燃易爆危险物品的工厂、仓库和专用车站、码头，易燃易爆气体和液体的充装站、供应站、调压站。

(10)国家机关办公楼、电力调度楼、电信楼、邮政楼、防灾指挥调度楼、广播电视楼、档案楼。

(11)单体建筑面积大于40000m²或者建筑高度超过50m的公共建筑。

7. 【答案】C

【解析】特殊建设工程验收程序通常包括验收受理、现场评定和出具消防验收意见等阶段。

8. 【答案】ABE

【解析】根据工程需要，消防工程可以按施工程序划分为三种消防验收形式，即隐蔽工程消防验收、粗装修消防验收、精装修消防验收。

第四章 工业机电工程安装技术
第一节 机械设备安装技术

考点 1 机械设备安装程序与安装方法

1. 【答案】C

【解析】机械设备安装的一般程序为：开箱检查→基础验收→测量放线→垫铁设置→吊装就位→安装调整→设备固定与灌浆→零部件清洗与装配→润滑与加油→设备试运行→

工程验收。

2. 【答案】BD

【解析】常用设备找正检测方法：

(1)钢丝挂线法，检测精度为1mm。（提示：精度相对最低）

(2)放大镜观察接触法，检测精度为0.05mm。

(3)导电接触讯号法，检测精度为0.05mm。

(4)高精度经纬仪、精密全站仪测量法可达到更精确的检测精度。

3. 【答案】D

【解析】设备灌浆分为一次灌浆和二次灌浆。一次灌浆是设备粗找正后，对地脚螺栓预留孔进行的灌浆。二次灌浆是设备精找正、地脚螺栓紧固、检测项目合格后对设备底座和基础间进行的灌浆。

4. 【答案】A

【解析】设备的水平度通常用水平仪测量。通常在设备的精加工面上选择测点。

5. 【答案】A

【解析】设备灌浆可使用的灌浆料很多，例如：细石混凝土、无收缩混凝土、微膨胀混凝土和其他灌浆料（如CGM高效无收缩灌浆料、RG早强微胀灌浆料）等，其配制、性能和养护应符合现行标准《混凝土外加剂应用技术规范》（GB 50119—2013）和《普通混凝土配合比设计规程》（JGJ 55—2011）的有关规定。

6. 【答案】B

【解析】设备灌浆分为一次灌浆和二次灌浆。一次灌浆是设备粗找正后，对地脚螺栓预留孔进行的灌浆。二次灌浆是设备精找正、地脚螺栓紧固、检测项目合格后对设备底座和基础间进行的灌浆。

7. 【答案】ABD

【解析】机械设备开箱时，应由建设单位、监理单位、施工单位、设备制造单位共同参加，开箱时应检查和记录以下内容：

(1)箱号、箱数以及包装情况。

(2) 设备名称、规格和型号，重要零部件需按质量标准进行检查验收。

(3) 随机技术文件（如使用说明书、合格证明书和装箱清单等）及专用工具。

(4) 有无缺损件，表面有无损坏和锈蚀。

(5) 其他需要记录的事项。

8. 【答案】AB

【解析】设备就位前，应经检查确认下列内容：

(1) 设备运至安装现场经开箱检查验收合格。

(2) 设备基础尺寸偏差符合要求，混凝土基础强度达到设备安装要求。

(3) 设备底面的泥土、油污、与混凝土（含二次灌浆）接触部位油漆清除干净。

(4) 二次灌浆部位的设备基础表面凿成麻面且无油污、杂物。

(5) 混凝土基础表面浮浆、地脚螺栓预留孔内泥土杂物和积水清除干净。

(6) 按技术要求放置垫铁和地脚螺栓。

9. 【答案】C

【解析】通常在设备精加工面上选择测点，用水平仪进行测量，通过调整垫铁高度的方法将其调整到设计或规范规定的水平状态。

10. 【答案】BCD

【解析】有预紧力要求的螺纹连接常用的紧固方法：定力矩法、测量伸长法、液压拉伸法、加热伸长法。

11. 【答案】D

【解析】过盈配合件的装配方法，一般采用压入装配、低温冷装配和加热装配法，而在安装现场，主要采用加热装配法。

12. 【答案】C

【解析】对开式滑动轴承的装配过程，包括轴承的清洗、检查、刮研、装配、间隙和压紧力的调整。

(1) 轴瓦刮研。

(2) 瓦背与轴承座孔的接触要求、上下轴瓦中分面的接合情况、轴瓦内孔与轴颈的接触点数。

(3) 轴承安装。

(4) 轴承间隙的测量及调整。

13. 【答案】B

【解析】轴颈与轴瓦的顶间隙可用压铅法检查；轴颈与轴瓦的侧间隙采用塞尺进行测量；轴向间隙采用塞尺或千分表测量。

考点 2 机械设备安装要求及精度控制

1. 【答案】ABC

【解析】对于重要、重型、特殊设备，需设置沉降观测点，用于监视、分析设备在安装、使用过程中基础的变化情况，如汽轮发电机组、透平压缩机组、大型储罐等。

2. 【答案】ACD

【解析】设备安装前，按照规范允许偏差对设备基础位置、标高和几何尺寸进行复检。

3. 【答案】ACD

【解析】基础的位置、标高、几何尺寸测量检查主要包括基础的坐标位置，不同平面的标高，平面外形尺寸，凸台上平面外形尺寸和凹穴尺寸，平面的水平度，基础立面的铅垂度，预留孔洞的中心位置、深度和孔壁铅垂度，预埋板或其他预埋件的位置、标高等。

4. 【答案】ABC

【解析】本题考查预埋地脚螺栓检查验收要求：

(1) 直埋地脚螺栓中心距、标高及露出基础长度符合设计或规范要求，中心距应在其根部和顶部沿纵、横两个方向测量，标高应在其顶部测量，选项A正确。

(2) 直埋地脚螺栓的螺母和垫圈配套，螺纹和螺母保护完好，选项B正确。

(3) 活动地脚螺栓锚板的中心位置、标高、带槽或带螺纹锚板的水平度符合设计或规范要求，选项C正确。

(4) T形头地脚螺栓与基础板按规格配套使用，埋设T形头地脚螺栓基础板牢固、平正，地脚螺栓光杆部分和基础板刷防锈漆。

(5) 安装胀锚地脚螺栓的基础混凝土强度不得小于10MPa，基础混凝土或钢筋混凝土有裂缝的部位不得使用胀锚地脚螺栓,选项D、E错误。

5. 【答案】ABD
   【解析】设备基础常见质量通病有:
   (1) 基础上平面标高超差。
   (2) 预埋地脚螺栓的位置、标高超差。
   (3) 预留地脚螺栓孔深度超差。

6. 【答案】AC
   【解析】本题考查垫铁的设置要求。
   选项A正确,垫铁与设备基础之间的接触应良好。
   选项B错误,每个地脚螺栓旁边至少应有一组垫铁,并设置在靠近地脚螺栓和底座主要受力部位下方。
   选项C正确,选项D错误,每组垫铁的块数不宜超过5块,放置平垫铁时,厚的宜放在下面,薄的宜放在中间,垫铁的厚度不宜小于2mm。
   选项E错误,除铸铁垫铁外,设备调整完毕后各垫铁相互间用定位焊焊牢。

7. 【答案】CD
   【解析】设备基础对安装精度的影响主要是强度和沉降。设备安装调整检验合格后,基础强度不够,或继续沉降,会引起安装偏差发生变化。

8. 【答案】BCE
   【解析】解体设备的装配精度包括:各运动部件之间的相对运动精度,配合面之间的配合精度和接触质量。

9. 【答案】D
   【解析】环境因素对安装精度的影响主要是设备基础温度变形、设备温度变形和恶劣环境场所。其中恶劣环境场所:主要是生产与安装工程同时进行,严重影响作业人员视线、听力、注意力等,可能造成的安装质量偏差。

10. 【答案】D
    【解析】地脚螺栓对安装精度的影响主要是紧固力和垂直度。地脚螺栓紧固力不够,安装或混凝土浇筑时产生偏移而不垂直,

螺母(垫圈)与设备的接触会偏斜,局部还可能产生间隙,受力不均,会造成设备固定不牢引起设备安装位置发生变化。

11. 【答案】BCDE
    【解析】设备安装精度的偏差控制要求:有利于抵消设备附属件安装后重量的影响;有利于抵消设备运转时产生的作用力的影响;有利于抵消零部件磨损的影响;有利于抵消摩擦面间油膜的影响。

12. 【答案】A
    【解析】本题考查的是补偿温度变化所引起的偏差。机械设备安装通常是在同一环境温度下进行的,许多设备在生产运行时则处在不同温度的条件下。例如:汽轮机、干燥机在运行中通蒸汽,温度比与之连接的发电机、鼓风机、电动机高,在对这类机组的联轴器装配定心时,应考虑温差的影响,控制安装偏差的方向。调整两轴心径向位移时,运行中温度高的一端(汽轮机、干燥机)应低于温度低的一端(发电机、鼓风机、电动机),调整两轴线倾斜时,上部间隙小于下部间隙,调整两端面间隙时选择较大值,使运行中温度变化引起的偏差得到补偿。

考点 3 机械设备试运行

1. 【答案】ACD
   【解析】试运行中,轴承达到稳定温度后,连续运行时间不应少于20min;一般用途轴流通风机在轴承表面测得的温度不得高于环境温度40℃;电站式轴流通风机和矿井式轴流通风机,滚动轴承正常工作温度不应超过70℃;瞬时最高温度不应超过95℃,温升不应超过60℃;滑动轴承的正常工作温度不应超过75℃。轴流通风机启动后调节叶片时,电流不得大于电动机的额定电流值。

2. 【答案】ABE
   【解析】压缩机空气负荷单机试运行后,应排除气路和气罐中的剩余压力,清洗过滤器和更换润滑油,排除进气管及冷凝收集器和

气缸及管路中的冷凝液；需检查曲轴箱时，应在停机15min后再打开曲轴箱。

3. 【答案】D
   【解析】滚动轴承的温度不应大于80℃。

4. 【答案】B
   【解析】各机构的动载试运转应在全行程上进行；试验荷载应为额定起重量的1.1倍；累计起动及运行时间，电动的起重机不应少于1h，手动的起重机不应少于10min；各机构的动作应灵敏、平稳、可靠，安全保护、联锁装置和限位开关的动作应灵敏、准确、可靠。

5. 【答案】BE
   【解析】选项A错误，压缩机增速器轮齿静态接触迹线长度不应小于齿长的65%。
   选项C错误，试运转的开始阶段，主机的排气应缓慢升压，每5min升压不得大于0.1MPa，并应逐步达到工况。
   选项D错误，轴承润滑油温度和轴承振动稳定后，应连续运行4~8h。

6. 【答案】A
   【解析】起重机的静载试验应符合下列规定：
   (1) 起重机应停放在厂房柱子处。
   (2) 将小车停在起重机的主梁跨中或有效悬臂处，无冲击地起升额定起重量1.25倍的荷载距地面100~200mm处，悬吊停留10min后，应无失稳现象。
   (3) 卸载后，起重机的金属结构应无裂纹、焊缝开裂、油漆起皱、连接松动和影响起重机性能与安全的损伤，主梁无永久变形。
   (4) 主梁经检验有永久变形时，应重复试验，但不得超过3次。
   (5) 小车卸载后开到跨端或支腿处，检测起重机主梁的实有上拱度或悬臂实有上翘度，其值不应小于相关规定。

第二节 工业管道施工技术

考点 1 工业管道种类与施工程序

1. 【答案】B
   【解析】工业管道按设计的分类见下表。

类别名称	设计压力 P/MPa（表压）
真空管道	$P<0$
低压管道	$0 \leqslant P \leqslant 1.6$
中压管道	$1.6 < P \leqslant 10$
高压管道	$10 < P \leqslant 100$
超高压管道	$P > 100$

2. 【答案】ABDE
   【解析】工业管道输送介质的压力范围很广，以设计压力为主要参数进行分类，可分为真空管道、低压管道、中压管道、高压管道和超高压管道。

3. 【答案】D
   【解析】高压管道的设计压力为 $10\text{MPa} < P \leqslant 100\text{MPa}$，选项D属于高压管道。选项B属于中压管道。选项A、C属于低压管道。

4. 【答案】ABC
   【解析】低压管道的设计压力为 $0 \leqslant P \leqslant 1.6\text{MPa}$，故选项A、B、C属于低压管道。选项D属于中压管道。选项E属于高压管道。

5. 【答案】B
   【解析】按管道输送介质的设计温度分类，可分为低温管道、常温管道、中温管道和高温管道等。

管道类别	温度 t/℃
低温管道	$t \leqslant -40$
常温管道	$-40 < t \leqslant 120$
中温管道	$120 < t \leqslant 450$
高温管道	$t > 450$

6. 【答案】B
   【解析】管道安装工程一般施工程序：施工准备→测量定位→支架制作安装→管道加工（预制）、安装→管道试验→防腐绝热→管道吹扫、清洗→系统调试及试运行→竣工验收。

7. 【答案】B
   【解析】管道安装工程一般施工程序：施工准备→测量定位→支架制作安装→管道加工（预

制)、安装→管道试验→防腐绝热→管道吹扫、清洗→系统调试及试运行→竣工验收。

考点 2 工业管道施工技术要求

1. 【答案】ACE

   【解析】弹簧支吊架的弹簧高度，应按设计文件规定安装，弹簧应调整至冷态值，并做记录。弹簧的临时固定件，如定位销（块），应待系统安装、试压、绝热完毕后方可拆除。

2. 【答案】A

   【解析】当阀门与金属管道以法兰或螺纹方式连接时，阀门应在关闭状态下安装；以焊接方式连接时，阀门应在开启状态下安装，对接焊缝底层应采用氩弧焊并对阀门采取防变形措施。当非金属管道采用电熔连接或热熔连接时，接头附近的阀门应处于开启状态。

3. 【答案】AC

   【解析】管道与大型设备或动设备连接（如空压机、制氧机、汽轮机等），应在设备安装定位并紧固地脚螺栓后进行。无论是焊接还是法兰连接，连接时都不应使动设备承受附加外力。管道与动设备连接前，管道内部应清理干净。自由状态下法兰的平行度和同轴度，应符合设计要求。管道与动设备最终连接时，应在联轴器上架设百分表监视动设备的位移。管道试压、吹扫和清洗合格后，应对该管道与机器的接口进行复位检验。管道安装完成、检验合格后，不得承受设计以外的附加荷载。

4. 【答案】D

   【解析】选项A错误。不锈钢阀门试验时，水中的氯离子含量不得超过25ppm。

   选项B错误。阀门的壳体试验无特殊规定时试验介质温度为5~40℃，当低于5℃时，应采取升温措施。

   选项C错误。安全阀密封试验在整定压力调整合格后，降低并且调整安全阀进口压力进行。

   选项D正确。阀门的壳体试验压力为阀门在20℃时最大允许工作压力的1.5倍。

5. 【答案】ABDE

   【解析】选项A正确，无特殊规定时，阀门试验介质温度应为5~40℃，当低于5℃时，应采取升温措施。

   选项B、D、E正确，选项C错误，阀门的壳体试验压力应为阀门在20℃时最大允许工作压力的1.5倍，密封试验压力应为阀门在20℃时最大允许工作压力的1.1倍，试验持续时间不得少于5min。

6. 【答案】B

   【解析】伴热管与主管平行安装，并应自行排液。当一根主管需多根伴热管伴热时，伴热管之间的距离应固定。

7. 【答案】AD

   【解析】导向支架或滑动支架的滑动面应洁净平整，不得有歪斜和卡涩现象。有热位移的管道，支架安装位置应从支承面中心向位移反方向偏移，偏移量应为位移值的1/2或符合设计文件规定，绝热层不得妨碍其位移。

8. 【答案】A

   【解析】安全阀应垂直安装；安全阀的出口管道应接向安全地点；在安全阀的进、出管道上设置截止阀时，应加铅封，且应锁定在全开启状态。

9. 【答案】D

   【解析】橡胶、塑料、纤维增强塑料、涂料等衬里的管道组成件，应存放在温度为5~40℃的室内，并应避免阳光照晒和热源的辐射。

10. 【答案】BC

    【解析】选项A错误，管道与大型设备或动设备的连接，应在设备安装定位并紧固地脚螺栓后进行。

    选项D错误，水平伴热管宜安装在主管的下方一侧或两侧。

    选项E错误，伴热管不得直接点焊在主管上。

考点 3 管道试压与吹洗技术

1. 【答案】BCD

【解析】根据管道系统不同的使用要求，管道试验主要有压力试验、真空度试验、泄漏性试验等。

2. 【答案】A

   【解析】本题考查的是管道系统压力试验的规定。压力试验温度严禁接近金属材料的脆性转变温度。

3. 【答案】ABDE

   【解析】选项A正确，压力试验是以液体或气体为介质，对管道逐步加压到规定的压力，以检验管道强度和严密性的试验。

   选项B正确，管道安装完毕，热处理和无损检测合格后，进行压力试验。

   选项C错误，当管道的设计压力小于或等于0.6MPa时，可采用气体为试验介质，但应采取有效的安全措施。

   选项D正确，进行压力试验时，划定禁区，无关人员不得进入。

   选项E正确，试验过程发现泄漏时，不得带压处理。消除缺陷后应重新进行试验。

4. 【答案】ABD

   【解析】本题考查的是管道系统试验。

   选项C错误，水压试验时环境温度不宜低于5℃，当环境温度低于5℃时应采取防冻措施。

   选项E错误，液压试验应缓慢升压，待达到试验压力后，稳压10min，再将试验压力降至设计压力，稳压30min。

5. 【答案】ABD

   【解析】选项C错误，承受内压的地上钢管道及有色金属管道试验压力应为设计压力的1.5倍。

   选项E错误，埋地钢管道的试验压力应为设计压力的1.5倍，且不得低于0.4MPa。

6. 【答案】C

   【解析】真空系统在压力试验合格后，还应按设计文件规定进行24h的真空度试验，增压率不应大于5%。

7. 【答案】BC

   【解析】管道泄漏性试验的实施要点：

泄漏性试验是以气体为介质，在设计压力下，采用发泡剂、显色剂、气体分子感测仪或其他手段检查管道系统中泄漏点的试验。

（1）输送极度和高度危害介质以及可燃介质的管道，必须进行泄漏性试验。

（2）泄漏性试验应在压力试验合格后进行，试验介质宜采用空气。

（3）泄漏性试验压力为设计压力。

（4）泄漏性试验可结合试车一并进行。

（5）泄漏性试验应逐级缓慢升压，当达到试验压力，并且停压10min后，采用涂刷中性发泡剂或采用显色剂、气体分子感测仪等其他方法，巡回检查阀门填料函、法兰或螺纹连接处、放空阀、排气阀、排净阀等所有密封点应无泄漏。

（6）经气压试验合格且在试验后未经拆卸过的管道可不进行泄漏性试验。

8. 【答案】BCD

   【解析】管道压力试验前应具备的条件：

（1）试验范围内的管道安装工程已按设计图纸全部完成，安装质量符合设计及有关标准规定。管道的防腐和绝热在试验前可部分完成或不完成，但焊缝和管道的待检部位在试验前不得进行防腐、绝热。

（2）试验方案已经过批准，并已进行了技术和安全交底；压力试验所需的液体、气体等试验介质已准备充足。

（3）在压力试验前，相关资料已经建设单位和有关部门复查，包括：管道元件的质量证明文件、管道元件的检验或试验记录、管道加工和安装记录、焊接检查记录、检验报告和热处理记录、管道轴测图、设计变更及材料代用文件。

（4）管道上的膨胀节已设置了临时约束装置或采用临时短管代替；管道上的安全阀、爆破片及仪表元件等已经拆下或已隔离。

（5）试验用压力表已经校验并在检验周期内，其精度不得低于1.6级，表的满刻度值应为被测最大压力的1.5～2倍，压力表不得少于两块。

(6) 管道已按试验方案进行了加固。

(7) 待试管道与无关系统已用盲板或其他隔离措施隔开。

9. 【答案】C

【解析】管道吹扫与清洗的顺序应按主管、支管、疏排管依次进行。

10. 【答案】A

【解析】管道吹扫与清洗方法，应根据管道的使用要求、工作介质、系统回路、现场条件及管道内表面的脏污程度确定：

(1) 公称直径大于或等于600mm的液体或气体管道，宜采用人工清理。

(2) 公称直径小于600mm的液体管道宜采用水冲洗。

(3) 公称直径小于600mm的气体管道宜采用压缩空气吹扫。

(4) 蒸汽管道应采用蒸汽吹扫；非热力管道不得采用蒸汽吹扫。

11. 【答案】B

【解析】公称直径500mm的液体管道属于公称直径小于600mm的液体管道，宜采用水冲洗。水冲洗流速不得低于1.5m/s。空气吹扫流速不宜小于20m/s。蒸汽管道应以大流量蒸汽进行吹扫，流速不小于30m/s。

12. 【答案】C

【解析】蒸汽管道应以大流量蒸汽进行吹扫，流速不小于30m/s，吹扫前先行暖管、及时排水，检查管道热位移。

13. 【答案】ACDE

【解析】管道吹扫与清洗方法，应根据对管道的使用要求、工作介质、系统回路、现场条件及管道内表面的脏污程度确定。

14. 【答案】AE

【解析】工业管道水冲洗实施要点：

(1) 水冲洗应使用洁净水。冲洗不锈钢管、镍及镍合金钢管道，水中氯离子含量不得超过25ppm，选项E错误。

(2) 水冲洗流速不得低于1.5m/s，冲洗压力不得超过管道压力，选项A错误。

(3) 水冲洗排放管的截面积不应小于被冲洗管截面积的60%，排水时不得形成负压，选项B正确。

(4) 水冲洗应连续进行，当设计无规定时，排出口的水色和透明度应与入口处目测一致。管道冲洗合格后，应及时将管内积水排净并吹干，选项C、D正确。

(5) 锈蚀和污染严重的管道，可使用高压水分段冲洗以达到清洁目的。

15. 【答案】D

【解析】油清洗的基本技术要点：

(1) 润滑、密封、控制系统的油管道，应在设备及管道酸洗合格后、系统试运行前进行油清洗。不锈钢管油系统管道，宜采用蒸汽吹净后再进行油清洗。

(2) 油清洗应采用循环的方式进行。每8h应在40～70℃内反复升降油温2～3次，并及时清洗或更换滤芯，选项D错误。

(3) 当设计文件或产品技术文件无规定时，管道油清洗后应采用滤网检验。

(4) 油清洗合格的管道，采取封闭或充氮保护措施。

第三节 电气装置安装技术

考点 1 变配电装置安装技术

1. 【答案】C

【解析】油浸式电力变压器的施工程序：开箱检查→二次搬运→设备就位→吊芯检查→附件安装→滤油、注油→交接试验→验收。

2. 【答案】B

【解析】电抗器的安装程序：基础检查→开箱检查→交接试验→电抗器吊装→电抗器找平、找正→电抗器固定→安装接地线。

3. 【答案】C

【解析】油浸式电力变压器是否需要吊芯检查，应根据变压器大小、制造厂规定、存放时间、运输过程中有无异常和建设单位要求而确定。

4. 【答案】D

【解析】交接试验注意事项：进行高电压试

验时，操作人员与高电压回路间应具有足够的安全距离。例如，电压等级6～10kV，不设防护栏时，最小安全距离为0.7m。

5. 【答案】AC

【解析】接通二次回路电源之前，应再次测定二次回路的绝缘电阻和直流电阻，确保无接地或短路存在，核对操作和合闸回路的熔断器和熔丝是否符合设计规定。

6. 【答案】ACD

【解析】进行二次回路动作检查时，不应使其相应的一次回路（如母线、断路器、隔离开关等）带有运行电压。选项B、E属于二次回路。

7. 【答案】BCD

【解析】选项A错误，受电系统的二次回路试验合格，其保护整定值已按实际要求整定完毕。受电系统的设备和电缆绝缘合格。安全警示标志和消防设施已布置到位。
选项E属于电气装置及供电系统试运行的条件。

8. 【答案】ACE

【解析】选项B错误，柜体间及柜体与基础型钢的连接应牢固，不应焊接固定。
选项D错误，手车推进时接地触头比主触头先接触，手车拉出时接地触头比主触头后断开。

9. 【答案】AC

【解析】本题考查的是电气的交接试验注意事项：
选项A正确，在高压试验设备和高电压引出线周围，均应装设遮拦并悬挂警示牌。
选项B错误，进行高电压试验时，操作人员与高电压回路间应具有足够的安全距离。例如：电压等级6～10kV，不设防护栏时，最小安全距离为0.7m。
选项C正确，高压试验结束后，应对直流试验设备及大电容的被测试设备多次放电，放电时间至少1min以上。
选项D错误，成套设备进行耐压试验时，宜将连接在一起的各种设备分离开来单独

进行。
选项E错误，断路器的交流耐压试验应在分、合闸状态下分别进行。

10. 【答案】BDE

【解析】电气装置通电检查及调整试验的主要内容：
（1）检查有关一、二次设备安装接线应全部完成，所有的标志应明显、正确和齐全。
（2）要先进行二次回路通电检查，然后再进行一次回路通电检查，选项A错误。一次回路经过绝缘电阻测定和耐压试验，绝缘电阻值均符合规定。
（3）二次回路中弱电回路的绝缘电阻测定和耐压试验按制造厂的规定进行，选项E正确。
（4）已具备可靠的操作（断路器等）、信号和合闸等二次各系统用的交、直流电源。
（5）电流、电压互感器已经过电气试验，电流互感器二次侧无开路现象，电压互感器二次侧无短路现象，选项C错误，选项D正确。
（6）检查回路中的继电器和仪表等均经校验合格，选项B正确。
（7）检验回路的断路器及隔离开关都已调整好，断路器经过手动、电动跳合闸试验。

11. 【答案】C

【解析】绕组连同套管的交流耐压试验要点：
（1）电力变压器新装注油以后，大容量变压器必须经过静置12h才能进行耐压试验。对10kV以下小容量的变压器，一般静置5h以上才能进行耐压试验。
（2）变压器交流耐压试验对绕组及其他高、低耐压元件都可进行。进行耐压试验前，必须将试验元件用摇表检查绝缘状况。

12. 【答案】B

【解析】变压器交接试验内容包括：绝缘油试验或SF_6气体试验；测量绕组连同套管的直流电阻；检查所有分接的电压比；检查变压器的三相接线组别；测量铁芯及夹

件的绝缘电阻；测量绕组连同套管的绝缘电阻、吸收比；绕组连同套管的交流耐压试验；额定电压下的冲击合闸试验；检查变压器相位。

13.【答案】B

【解析】变压器吊装时，索具必须检查合格，钢丝绳必须挂在油箱上的吊钩上，变压器顶盖上部的吊环仅作吊芯检查用，严禁用此吊环吊装整台变压器。

考点 2　电动机设备安装技术

1.【答案】A

【解析】电动机干燥时不允许用水银温度计测量温度，应用酒精温度计、电阻温度计或温差热电偶。

2.【答案】B

【解析】电动机第一次启动一般在空载情况下进行，空载运行时间为2h，并记录电动机空载电流，选项B错误。

考点 3　输配电线路施工技术

1.【答案】C

【解析】电杆线路施工工序：
(1) 熟悉工程图纸，明确设计要求。
(2) 按施工图计算出工程量，准备材料和机具。
(3) 现场勘察，测量定位，确定线路走向。
(4) 按地理情况和施工机械开挖电线杆基础坑。
(5) 电杆、横担、瓷瓶和各类金具检查及组装。
(6) 根据杆位土质情况进行基础施工和立杆。
(7) 拉线制作与安装。
(8) 放线、架线、紧线、绑线及连线。
(9) 送电运行验收，竣工资料整理。

2.【答案】AB

【解析】电杆按用途和受力情况分为6种杆：
(1) 耐张杆。用于线路换位处及线路分段，承受断线张力和控制事故范围。

(2) 转角杆。用于线路转角处，在正常情况下承受导线转角合力；事故断线情况下承受断线张力。
(3) 终端杆。用于线路起止两端，承受线路一侧张力。
(4) 分支杆。用于线路中间需要分支的地方。
(5) 跨越杆。用于线路上有河流、特大山谷、特高交叉物等地方。
(6) 直线杆。用在线路直线段上，支持线路垂直和水平荷载并具有一定的顺线路方向的支持力。

3.【答案】D

【解析】高压架空线的导线大都采用铝、钢或复合金属组成的钢芯铝绞线或铝包钢芯铝绞线，避雷线则采用钢绞线或铝包钢绞线。低压架空线的导线一般采用塑料铜芯线。

4.【答案】BCD

【解析】电杆、横担、绝缘子、拉线等的固定连接需用的一些金属附件称为金具，常用的有M字形抱铁、U字形抱箍、拉线抱箍、挂板、线夹、心形环等。

5.【答案】B

【解析】水泥电杆的立杆方法：汽车起重机立杆、三脚架立杆、人字抱杆立杆、架杆（顶、叉）立杆等。

6.【答案】ADE

【解析】横担安装位置要求：
(1) 10kV及以下直线杆的单横担应安装在负荷侧，90°转角杆（上、下）、分支杆和终端杆采用单横担，应安装在拉线侧。
(2) 边相的瓷横担不宜垂直安装，中相瓷横担应垂直地面。

7.【答案】ACD

【解析】架空线路试验包括：
(1) 测量线路的绝缘电阻应不小于验收规范规定。
(2) 检查架空线各相的两侧相位应一致。
(3) 在额定电压下对空载线路的冲击合闸试验应进行3次。

(4) 杆塔防雷接地线与接地装置焊接，测量杆塔的接地电阻值应符合设计规定。

(5) 用红外线测温仪，测量导线接头的温度，来检验接头的连接质量。

8. 【答案】B

【解析】绝缘子选用：直线杆采用针式绝缘子；耐张杆、转角杆采用蝶式绝缘子。

9. 【答案】ABD

【解析】电缆保护管的设置要求：

(1) 无设计要求时，下列情况应设置电缆保护管：电缆引入和引出建筑物、隧道、沟道、电缆井等穿过楼板及墙壁处；电缆与各种管道、沟道交叉处；电缆引出地面，距地面 2m 以下时；电缆通过道路、铁路时。

(2) 电缆保护管内径大于电缆外径的 1.5 倍。

(3) 电缆引入和引出建筑物、隧道、沟道、电缆井等处，一般应采取防水套管；硬塑料管与热力管叉时应穿钢套管；金属管埋地时应制沥青防腐。

(4) 电缆保护管宜敷设于热力管的下方；与地下管道、沟道和道路、铁路交叉处的相互距离符合设计或规范要求。

10. 【答案】ACD

【解析】直埋电缆在直线段每隔 50～100m 处、电缆接头处、转弯处、进入建筑物等处应设置明显的方位标志或标桩。

11. 【答案】A

【解析】本题考查的是电力电缆线路的施工要求。用机械牵引敷设电缆时的最大牵引强度应符合下表（单位：N/mm²）规定：

牵引方式	牵引头		钢丝网套		
受力部位	铜芯	铝芯	铅套	铝套	塑料护套
允许牵引强度	70	40	10	40	7

12. 【答案】BE

【解析】选项A错误，电缆应在切断后 4h 内封头。

选项B正确，油浸纸质绝缘电力电缆必须铅封；充油电缆切断处必须高于邻近两侧电缆。

选项C错误，并列敷设电缆，有中间接头时宜将接头位置错开。

选项D错误，明敷电缆的中间接头应用托板托置固定；架空敷设的电缆不宜设置中间接头。

选项E正确，三相四线制的系统中应采用四芯电力电缆，不应采用三芯电缆另加一根单芯电缆或导线，电缆金属护套可作 PE 线、不能作中性线。五芯低压电力电缆，不应采用四芯电缆另加一根单芯电缆或导线。

13. 【答案】C

【解析】选项A错误，母线采用焊接连接时，母线应在找正及固定后，方可进行母线导体的焊接。

选项B错误，母线与设备连接前，应进行母线绝缘电阻的测试，并进行耐压试验。

选项C正确，金属母线超过 20m 长的直线段、不同基础连接段及设备连接处等部位，应设置热胀冷缩或基础沉降的补偿装置，其导体采用编织铜线或薄铜叠片伸缩节或其他连接方式。

选项D错误，母线在支柱绝缘子上的固定方法有：螺栓固定、夹板固定和卡板固定。

14. 【答案】C

【解析】母线的相色规定：三相交流母线的 L_1 相为黄色，L_2 相为绿色，L_3 相为红色；直流母线正极应为棕色，负极应为蓝色；三相电路的零线或中性线及直流电路的接地中线均应为淡蓝色；金属封闭母线，母线外表面及外壳内表面应为无光泽黑色，外壳外表面应为浅色。

15. 【答案】D

【解析】封闭母线进场、安装前应做电气试验，绝缘电阻测试不小于 20MΩ。

考点 4　防雷与接地装置施工技术

1. 【答案】ABCD

【解析】输电线路的防雷措施：

(1) 架设接闪线。使雷直接击在接闪线上，保护输电导线不受雷击。

(2) 增加绝缘子串的片数加强绝缘。当雷电落在线路上，绝缘子串不会有闪络。

(3) 降低杆塔的接地电阻。可快速将雷电流泄入地下，不使杆塔电压升太高，避免绝缘子被反击而闪络。

(4) 装设管型接闪器或放电间隙，以限制雷击形成过电压。

(5) 装设自动重合闸。预防雷击造成的外绝缘闪络使断路器跳闸后的停电现象。

(6) 采用消弧圈接地方式。使单相雷击的接地故障电流能被消弧圈所熄弧，从而故障被自动消除。

2.【答案】ACDE

【解析】选项B错误，管型接闪器与被保护设备的连接线长度不得大于4m。安装时应避免各接闪器排出的电离气体相交而造成的短路。

3.【答案】B

【解析】接闪器试验：

(1) 测量接闪器的绝缘电阻。

(2) 测量接闪器的泄漏电流、磁吹接闪器的交流电导电流、金属氧化物接闪器的持续电流。

(3) 测量金属氧化物接闪器的工频参考电压或直流参考电压，测量FS型阀式接闪器的工频放电电压。

4.【答案】CDE

【解析】接地模块的安装：

(1) 接地模块是导电能力优越的非金属材料，经复合加工而成，故选项A错误。

(2) 接地模块的安装除满足有关规范的规定外，还应参阅制造厂商提供的有关技术说明。通常接地模块顶面埋深不应小于0.6m。接地模块间距不应小于模块长度的3~5倍。选项B错误，选项C、D、E正确。

5.【答案】ABCE

【解析】(1) 室外接地线的安装：

①室外接地干线与支线一般安装在沟内。安装前应按设计规定的位置先挖沟，沟的深度不得小于0.6m，宽度不得小于0.5m，然后将接地线埋入。

②接地干线与接地极的连接、接地支线与接地干线的连接应采用焊接。接地干线与支线末端应露出地面0.5m以上，选项D错误。

(2) 室内接地线的安装：

明线安装的接地线大多是纵横敷设在墙壁上，或敷设在母线或电缆桥架的支架上。设备连接支线需经过地面时应埋设在混凝土内。

第四节 自动化仪表工程安装技术

考点 1 自动化仪表设备与管线施工技术

1.【答案】C

【解析】仪表调校应遵循的原则：先取证后校验；先单校后联校；先单回路后复杂回路；先单点后网络。

2.【答案】ABDE

【解析】仪表管道有测量管道、气动信号管道、气源管道、液压管道和伴热管道等。

3.【答案】ABCE

【解析】自动化仪表施工的原则有：先土建后安装；先地下后地上；先安装设备再配管布线；先两端（控制室、就地盘、现场仪表）后中间（电缆槽、接线盒、保护管、电缆、电线和仪表管道等）。

4.【答案】B

【解析】直接安装在管道上的仪表，宜在管道吹扫后安装，当必须与管道同时安装时，在管道吹扫前应将仪表拆下。直接安装在设备或管道上的仪表在安装完毕后应进行压力试验。

5.【答案】C

【解析】选项A错误，安装取源部件的开孔与焊接必须在工艺管道或设备的防腐、衬里、吹扫和压力试验前进行。

选项B错误，压力取源部件与温度取源部件在同一管段上时，应安装在温度取源部件的上游侧。

选项D错误,温度取源部件的安装位置应符合要求。要选在介质温度变化灵敏和具有代表性的地方,不宜选在阀门等阻力部件的附近和介质流束呈现死角处以及振动较大的地方。

6. 【答案】BCDE

【解析】分析取源部件的安装位置,应选在压力稳定、能灵敏反映真实成分变化和取得具有代表性的分析样品的地方。取样点的周围不应有层流、涡流、空气渗入、死角、物料堵塞或非生产过程的化学反应。

7. 【答案】C

【解析】节流装置在水平和倾斜的管道上时,取压口的方位设置要求:
(1) 当测量气体流量时,取压口应在管道的上半部。
(2) 测量液体流量时,取压口在管道的下半部与管道水平中心线成 $0°\sim45°$ 夹角的范围内。
(3) 测量蒸汽时,取压口在管道的上半部与管道水平中心线成 $0°\sim45°$ 夹角的范围内。

8. 【答案】ACE

【解析】选项B错误,压力式温度计的温包必须全部浸入被测对象中。
选项D错误,孔板的锐边或喷嘴的曲面侧应迎着被测流体的流向。

9. 【答案】C

【解析】选项C错误,压力取源部件与温度取源部件在同一管段上时,压力取源部件应安装在温度取源部件的上游侧。

10. 【答案】BE

【解析】选项B错误,温度取源部件在压力取源部件的下游侧。
选项E错误,当测量液体流量时,取压口在管道下半部与管道水平中心线成 $0°\sim45°$ 夹角范围内。

考点 2 自动化仪表系统调试要求

【答案】B

【解析】用于仪表校准和试验的标准仪器仪表,应具备有效的计量检定合格证书,其基本误差的绝对值,不宜超过被校准仪表基本误差绝对值的 1/3。

第五节 防腐蚀与绝热工程施工技术

考点 1 防腐蚀工程施工技术

1. 【答案】ABE

【解析】防腐蚀施工喷(抛)射处理方法包括:干喷射、湿喷射、喷砂、喷丸、喷粒。化学处理方法包括:脱脂、化学脱脂、浸泡脱脂、喷淋脱脂、超声波脱脂、转化处理。

2. 【答案】ABC

【解析】转化处理包括:磷化、铬酸盐钝化、钝化。转化处理包括磷化、铬酸盐钝化、钝化。动力除锈包括手工和动力工具两种。手动工具包括钢丝刷、粗砂纸、铲刀、刮刀或类似的手工工具。动力工具包括旋转钢丝刷、电动砂轮或除锈机等。

3. 【答案】B

【解析】喷射处理质量等级分为 Sa1 级、Sa2 级、Sa2.5 级、Sa3 级四级。

4. 【答案】ABCD

【解析】喷射处理质量等级分为 Sa1 级、Sa2 级、Sa2.5 级、Sa3 级四级。

5. 【答案】AB

【解析】工具处理等级分为 St2 级、St3 级两级,选项A、B正确。喷射处理质量等级分为 Sa1 级、Sa2 级、Sa2.5 级、Sa3 级四级。选项C、D、E属于喷射处理质量等级。

考点 2 绝热工程施工技术

1. 【答案】B

【解析】硬质或半硬质绝热制品的拼缝宽度,当作为保温层时,不应大于5mm,当作为保冷层时,不应大于2mm。

2. 【答案】ABCD

【解析】选项A正确,当采用一种绝热制品,保温层厚度大于或等于100mm,应分为两层或多层逐层施工,各层的厚度宜接近。
选项D正确,硬质或半硬质绝热制品的拼

缝宽度，当作为保温层时，不应大于5mm，当作为保冷层时，不应大于2mm。

选项B、C正确，绝热层施工时，同层应错缝，上下层应压缝，其搭接的长度不宜小于100mm。

选项E错误，水平管道的纵向接缝位置，不得布置在管道垂直中心线45°范围内。

3.【答案】CE

【解析】选项A正确，绝热层施工时，同层应错缝，上下层应压缝，其搭接的长度不宜小于100mm。

选项B正确、选项E错误，捆扎间距：对硬质绝热制品不应大于400mm；对半硬质绝热制品不应大于300mm；对软质绝热制品宜为200mm。

选项C错误，水平管道的纵向接缝位置，不得布置在管道垂直中心线45°范围内。

选项D正确，每块绝热制品上的捆扎件不得少于两道；对有振动的部位应加强捆扎。

4.【答案】D

【解析】防潮层施工技术一般要求：
(1) 室外施工不宜在雨雪天或阳光暴晒中进行。施工时的环境温度应符合设计文件和产品说明书的规定。
(2) 防潮层外不得设置钢丝、钢带等硬质捆扎件。
(3) 设备筒体、管道上的防潮层应连续施工，不得有断开或断层等现象。防潮层封口处应封闭。

5.【答案】D

【解析】防潮层胶泥涂抹的厚度每层一般为2～3mm，施工时依据设计文件的要求确定。

6.【答案】A

【解析】立式设备和垂直管道的环向接缝，应为上下搭接。卧式设备和水平管道的纵向接缝位置，应在两侧搭接，并应缝口朝下。

7.【答案】ACDE

【解析】金属保护层的接缝可选用搭接、咬接、插接及嵌接的形式。

8.【答案】ABC

【解析】选项A、B、C错误，静置设备和转动机械的绝热层，其金属保护层应自下而上进行敷设。环向接缝宜采用搭接或插接，纵向接缝可咬接或搭接。

选项D正确，搭接或插接尺寸应为30～50mm。

选项E正确，平顶设备顶部绝热层的金属保护层，应按设计规定的坡度进行施工。

第六节　石油化工设备安装技术

考点 1　塔器设备安装技术

1.【答案】D

【解析】塔器为长细圆筒形结构的直立式工艺设备，由筒体、封头（或称头盖）和支座组成，是专门为某种生产工艺要求而设计、制造的非标准设备。

2.【答案】D

【解析】塔器设备的到货状态分为整体到货、分段到货、分片到货。

3.【答案】B

【解析】在塔器最高与最低点且便于观察的位置，各设置一块压力表；两块压力表的量程应相同、校验合格且在校验有效期内，压力表精度不低于1.6级；压力表量程不低于1.5倍且不高于3倍试验压力；试验压力以装设在设备最高处的压力表读数为准；塔体充液后缓慢升至设计压力，确认无泄漏后继续升压至试验压力，保压时间不少于30min，然后将压力降至试验压力的80%，对所有焊接接头和连接部位进行检查，无渗漏、无可见变形、试验过程中无异常的响声为合格。

考点 2　金属储罐制作与安装技术

1.【答案】D

【解析】选项A正确，罐底板铺设完成后，罐壁板自下而上依次组装焊接，最后组焊完成顶层壁板、抗风圈及顶端包边角钢等。

选项B正确，外搭脚手架正装法：脚手架随罐壁板升高而逐层搭设；采用吊车吊装壁板。适合于大型和特大型储罐，便于自动焊作业。

选项C正确，选项D错误，内挂脚手架正装法：采用吊车吊装壁板；每组对一圈壁板，就在壁板内侧沿圆周挂上一圈三脚架，在三脚架上铺设跳板，组成环形作业平台，作业人员即可在平台上组对安装上一层壁板；一台储罐施工宜用2~3层作业平台，从下至上交替使用。

2. 【答案】ABCE

【解析】罐底板铺设后，先完成底板边缘板外侧300mm对接焊缝的焊接，并进行无损检测；组装焊接顶层壁板及包边角钢，组装焊接罐顶；采用中心柱组装法、边柱倒装法（有液压顶升、葫芦提升等）、充气顶升法和水浮顶升法等提升工艺提升罐顶；自上而下依次组装焊接每层壁板，直至底层壁板；完成底板中腹板焊接、大角缝焊接，最后完成伸缩缝焊接。

3. 【答案】C

【解析】拱顶焊接先焊内侧断续焊，后焊外部连续焊；先焊环向短缝，再焊径向长缝；由拱顶中心向外分段退步焊；包边角钢与顶板的环缝，焊工均布，沿同一方向分段退步焊，不得超量焊接。

4. 【答案】ACDE

【解析】选项A正确，储罐试验：罐底板的所有焊缝采用真空箱试漏法进行严密性试验。

选项B错误，罐壁的严密性和强度试验采用注水到设计要求的充水高度，静置48h，罐壁无异常变形，罐壁、罐底各部分焊缝无渗漏，则罐壁的严密性和强度试验合格。罐顶的严密性试验、强度试验和稳定性试验前封闭储罐，通过适当排水或注水的方法，使罐顶处的负压或正压力达到试验所需要的参数值，正压时在罐顶涂以肥皂水检查，无泄漏则罐顶严密性合格，正压和负压试验后立即将罐顶孔开启，使储罐内部与大气相通，恢复到常压，罐顶无异常变形，则罐顶的强度

和稳定性合格。

考点 3　设备钢结构制作与安装技术

1. 【答案】B

【解析】金属结构安装一般程序：构件检查→基础复查→钢柱安装→支撑安装→梁安装→平台板（层板、屋面板）安装→围护结构安装。

2. 【答案】D

【解析】钢结构制作和安装单位，应分别进行高强度螺栓、连接摩擦面的抗滑移系数试验；当高强度螺栓连接节点按承压型连接或张拉型连接进行强度设计时，可不进行摩擦面抗滑移系数的试验。

3. 【答案】ACDE

【解析】选项B错误，高强度螺栓连接处的摩擦面采用手工砂轮打磨时，打磨方向应与受力方向垂直，且打磨范围不应小于螺栓孔径的4倍。

第七节　发电设备安装技术

考点 1　锅炉与汽轮发电机设备安装技术

1. 【答案】ADE

【解析】本题考查的是锅炉系统的组成。炉由炉膛（钢架）、炉前煤斗、炉排（炉箅）、分配送风装置、燃烧器、烟道、空气预热器、除渣机等组成。选项B、C属于锅的组成部分。

2. 【答案】B

【解析】水冷壁是锅炉主要的辐射蒸发受热面，一般分为管式水冷壁和膜式水冷壁两种。小容量中、低压锅炉多采用光管式水冷壁，大容量高温高压锅炉一般均采用膜式水冷壁。

3. 【答案】ABCE

【解析】水冷壁的主要作用：
(1) 吸收炉膛内的高温辐射热量以加热工质，并使烟气得到冷却，以便进入对流烟道的烟气温度降低到不结渣的温度，可以保护炉墙，从而炉墙结构可以做的轻一些、薄

一些。

(2)在蒸发同样多水的情况下,采用水冷壁比采用对流管束节省钢材。选项D属于汽包的作用。

4. 【答案】A

【解析】锅炉钢架安装找正主要是用拉钢卷尺检查立柱中心距离和大梁间的对角线长度;用经纬仪检查立柱垂直度;用水准仪检查大板梁水平度和挠度。板梁挠度在板梁承重前、锅炉水压前、锅炉水压试验上水后及放水后、锅炉机组整套启动试运行前进行测量。

5. 【答案】B

【解析】锅炉受热面组合形式是根据设备的结构特征及现场的施工条件来决定。组件的组合形式包括:直立式和横卧式。其中,直立式组合就是按设备的安装状态来组合支架,将联箱放置(或悬吊)在支架上部,管屏在联箱下面组装。其优点在于组合场占用面积少,便于组件的吊装;缺点在于钢材耗用量大,安全状况较差。横卧式组合就是将管排横卧摆放在组合支架上与联箱进行组合,然后将组合件竖立后进行吊装。其优点就是克服了直立式组合的缺点;其不足在于占用组合场面积多,且在设备竖立时会造成设备永久变形或损伤。

6. 【答案】C

【解析】锅炉炉墙砌筑完成后要进行烘炉,其目的是使锅炉砖墙能够缓慢地干燥,在使用时不致损裂。

7. 【答案】A

【解析】锅炉吹管范围应包括减温水管系统和锅炉过热器、再热器及过热蒸汽管道吹洗。

8. 【答案】A

【解析】根据锅炉试运行的要求,烘、煮炉合格后,才能使水在锅炉内正常运行以及生成蒸汽,达到锅炉运行时的条件。锅炉试运行在煮炉前进行,锅炉内的铁锈、油脂、污垢和水垢未能清除,通水后锅炉受热面可能结垢而影响传热,甚至烧坏,是不对的。锅炉试运行必须是在烘、煮炉合格后进行,选项A错误。

9. 【答案】BC

【解析】汽轮机按照工作原理划分为冲动式汽轮机、反动式汽轮机和冲动、反动联合汽轮机。

10. 【答案】B

【解析】汽轮发电机主要由定子和转子两部分组成。

11. 【答案】ABD

【解析】汽轮机本体主要由静止部分和转动部分组成。静止部分包括汽缸、喷嘴组、隔板(套)、汽封、轴承及紧固件等;转动部分包括动叶栅、叶轮、主轴、联轴器、盘车器、止推盘、机械危急保安器等。选项C、E属于转动部分。选项A、B、D属于静止部分。

12. 【答案】D

【解析】转子测量应包括轴颈椭圆度和不柱度的测量、转子跳动测量(径向、端面和推力盘瓢偏度)、转子弯曲度测量、联轴器端面止口配合间隙测量。

13. 【答案】C

【解析】在轴系对轮中心找正时,首先,要以低压转子为基准;其次,对轮找中心通常都以全实缸状态进行调整;再次,各对轮找中时的圆周偏差和端面偏差符合制造厂技术要求;最后,一般在各不同阶段要进行多次对轮中心的复查和找正。

14. 【答案】ABCD

【解析】汽轮机低压外下缸组合时,汽缸找中心的基准可以用激光、拉钢丝、假轴、转子等。目前多采用拉钢丝法。

15. 【答案】A

【解析】发电机转子穿装,不同的机组有不同的穿转子方法,常用的方法有滑道式方法、接轴的方法、用后轴承座作平衡重量的方法、用两台跑车的方法等。具体机组采用何种方法一般由制造厂在产品说明书上明确说明，并提供专用的工具。

16.【答案】ABDE

【解析】选项A、B正确，发电机转子穿装前进行单独气密性试验。待消除泄漏后，应再进行漏气量试验，试验压力和允许漏气量应符合制造厂规定。

选项C错误，选项D、E正确，发电机转子穿装工作必须在完成机务（如支架、千斤顶、吊索等服务准备工作）、电气与热工仪表的各项工作后，会同有关人员对定子和转子进行最后清扫检查，确信其内部清洁、无任何杂物并经签证后方可进行。发电机转子穿装，不同的机组有不同的穿转子方法，常用的方法有滑道式方法、接轴的方法、用后轴承座作平衡重量的方法、用两台跑车的方法等。具体机组采用何种方法一般由制造厂在产品说明书上明确说明，并提供专用的工具。

考点 2　太阳能与风力发电设备安装技术

1.【答案】B

【解析】光伏发电设备主要由光伏支架、光伏组件、汇流箱、逆变器、电气设备等组成。光伏支架包括跟踪式支架、固定支架和手动可调支架等。

2.【答案】ABD

【解析】风力发电厂一般由多台风机组成，每台风机构成一个独立的发电单元，风力发电设备主要包括塔架、机舱、发电机、轮毂、叶片、变频器和电气柜等。

3.【答案】ABD

【解析】风力发电厂一般由多台风机组成，每台风机构成一个独立的发电单元，风力发电设备按照安装的区域可分为陆地风力发电设备和海上风力发电设备。陆地风力发电设备多安装在山地、草原等风力集中的地区，最大单机容量为9MW。海上风力发电设备多安装在滩头和浅海等地区，最大单机容量为16MW，其施工安全风险相对陆地风力风电设备施工安全风险高。

4.【答案】B

【解析】光伏发电设备的安装程序：施工准备→基础检查验收→设备检查→光伏支架安装→光伏组件安装→汇流箱安装→逆变器安装→电气设备安装→调试→验收。

5.【答案】B

【解析】风力发电机组的安装程序：施工准备→基础及锚栓安装→塔底变频器、电气柜安装→塔架安装→机舱安装→发电机安装（若有）→叶片与轮毂地面组合→叶轮安装→其他零部件安装→电气设备安装→调试试运行→验收。

6.【答案】AC

【解析】光伏组件之间的接线在组串后应进行光伏组件串的开路电压和短路电流的测试，施工时严禁接触组串的金属带电部位。

7.【答案】B

【解析】塔筒分多段供货，现场根据塔筒重量、尺寸以及安装高度选择吊车的吊装工况。按照由下至上的吊装顺序进行塔筒的安装。

第八节　冶炼设备安装技术

考点 1　炼铁与炼钢设备安装技术

【答案】D

【解析】转炉炼钢设备原料供应系统包括铁水预处理、铁水倒罐站、混铁炉、废钢间、铁合金供应及石灰供应设备。

考点 2　轧机设备安装技术

【答案】C

【解析】轧机机架吊装方法有行车吊装法、移动式起重机吊装法、专用起重装置吊装法等。

考点 3　炉窑砌筑施工技术

1.【答案】C

【解析】酸性耐火材料，如硅砖、锆英砂砖等，其特性是能耐酸性渣的侵蚀。选项A属于中性耐火材料，选项B、D属于碱性耐火材料。

2.【答案】D

【解析】碱性耐火材料，如镁砖、镁铝砖、白云石砖等。其特性是能耐碱性渣的侵蚀。选项 A、B 属于酸性耐火材料，选项 C 属于中性耐火材料。

3. 【答案】ABC

   【解析】按耐火度分类：
   (1) 普通耐火材料，其耐火度为 1580～1770℃。
   (2) 高级耐火材料，其耐火度为 1770～2000℃。
   (3) 特级耐火材料，其耐火度为 2000℃ 以上。

4. 【答案】A

   【解析】中性耐火材料，如刚玉砖、高铝砖、碳砖等。选项 B、D 属于碱性耐火材料，选项 C 属于酸性耐火材料。

5. 【答案】B

   【解析】工序交接证明书应包括下列内容：
   (1) 炉子中心线和控制标高及必要的沉降观察点的测量记录。
   (2) 隐蔽工程验收合同的证明。
   (3) 炉体冷却装置、管道和炉壳的试压记录及焊接严密性试验合格的证明。
   (4) 钢结构和炉内轨道等安装位置的主要尺寸的复测记录。
   (5) 动态炉窑或炉子可动部分试运行合格证明。
   (6) 炉内托砖板和锚固件等的位置、尺寸及焊接质量的检查合格证明。
   (7) 上道工序成果的保护要求。

6. 【答案】D

   【解析】工序交接证明书包括的内容：
   (1) 炉子中心线和控制标高必要的沉降观测点的测量记录。
   (2) 隐蔽工程的验收合格证明。
   (3) 炉体冷却装置、管道和炉壳的试压记录及焊接严密性试验验收合格的证明。
   (4) 钢结构和炉内轨道等安装位置的主要尺寸的复测记录。
   (5) 动态炉窑或炉子的可动部分试运行合格证明。
   (6) 炉内托砖板和锚固件等的位置、尺寸及焊接质量的检查合格证明。
   (7) 上道工序成果的保护要求。

7. 【答案】ABC

   【解析】工序交接证明书包括的内容：
   (1) 炉子中心线和控制标高必要的沉降观测点的测量记录。
   (2) 隐蔽工程的验收合格证明。
   (3) 炉体冷却装置、管道和炉壳的试压记录及焊接严密性试验验收合格的证明。
   (4) 钢结构和炉内轨道等安装位置的主要尺寸的复测记录。
   (5) 动态炉窑或炉子的可动部分试运行合格证明。
   (6) 炉内托砖板和锚固件等的位置、尺寸及焊接质量的检查合格证明。
   (7) 上道工序成果的保护要求。

8. 【答案】A

   【解析】静态炉窑的施工程序与动态炉窑基本相同，不同之处在于：不必进行无负荷试运行即可进行砌筑；砌筑顺序必须自下而上进行；无论采用哪种砌筑方法，每环砖均可一次完成；起拱部位应从两侧向中间砌筑，并需采用拱胎压紧固定，锁砖完成后，拆除拱胎。

9. 【答案】AE

   【解析】选项 A 错误，喷涂方向应垂直于受喷面。
   选项 E 错误，喷嘴与喷涂面的距离宜为 1～1.5m，喷嘴应不断地进行螺旋式移动，使粗细颗粒分布均匀。

10. 【答案】B

    【解析】工业炉在投入生产前必须烘干烘透。烘炉前应先烘烟囱及烟道。

第二篇　机电工程相关法规与标准

第五章　相关法规
第一节　计量的规定

考点 1　施工计量器具的管理规定

1. 【答案】A

【解析】A 类计量器具范围：
(1) 施工企业最高计量标准器具和用于量值传递的工作计量器具。例如，一级平晶、零级刀口尺、水平仪检具、直角尺检具、百分尺检具、百分表检具、千分表检具、自准直仪、立式光学计、标准活塞式压力计等。
(2) 列入国家强制检定目录的工作计量器具。例如，电能表、接地电阻测量仪、声级计等。

2. 【答案】B

【解析】C 类计量器具范围：
(1) 计量性能稳定，量值不易改变，低值易耗且使用要求精度不高的计量器具。如钢直尺、弯尺、5m 以下的钢卷尺等。
(2) 与设备配套，平时不允许拆装指示用计量器具。如电压表、电流表、压力表等。
(3) 非标准计量器具。如垂直检测尺、游标塞尺、对角检测尺、内外角检测尺等。

3. 【答案】ABD

【解析】项目经理部必须设专（兼）职计量管理员对施工使用的计量器具进行现场跟踪管理。工作内容包括：
(1) 建立现场使用计量器具台账。
(2) 负责现场使用计量器具周期送检。
(3) 负责现场巡视计量器具的完好状态。

考点 2　施工计量器具的使用要求

1. 【答案】D

【解析】列入《中华人民共和国强制检定的工作计量器具目录》的在施工中的工作计量器具。如用于安全防护的压力表、电能表

（单相、三相）、测量互感器（电压互感器、电流互感器）、绝缘电阻测量仪、接地电阻测量仪、声级计等。选项 A、B、C 是非强制检定计量器具。

2. 【答案】ABDE

【解析】企业、事业单位计量标准器具的使用，必须具备下列条件：
(1) 经计量检定合格。
(2) 具有正常工作所需要的环境条件。
(3) 具有称职的保存、维护、使用人员。
(4) 具有完善的管理制度。

第二节　建设用电及施工的规定

考点 1　建设用电的规定

1. 【答案】C

【解析】用户办理用电手续时，如果仅为申请施工临时用电，施工临时用电结束或施工用电转入建设项目电力设施供电，则总承包单位应及时向供电部门办理终止用电手续。

2. 【答案】ACD

【解析】申请新装用电、临时用电、增加电容量、变更用电和终止用电，应当依照规定的程序办理手续。

3. 【答案】ABD

【解析】临时用电的用户，应安装用电计量装置。对不具备安装条件的，可按其用电容量、使用时间、规定的电价计收电费。

考点 2　电力设施保护区施工作业的规定

1. 【答案】C

【解析】本题考查的是电力设施保护范围和保护区。各级电压导线的边线延伸距离见下表。

序号	电压/kV	延伸距离/m
1	1～10	5

续表

序号	电压/kV	延伸距离/m
2	35～110	10
3	154～330	15
4	500	20

2.【答案】C

【解析】选项A正确，在编制电力施工方案时，尽量邀请电力管理部门或电力设施管理部门派员参加，以便方案更加切实可行。选项B、D正确，在施工方案中应专门制定保护电力设施的安全技术措施，并写明要求。在作业时请电力设施的管理部门派员监管。选项C错误，施工方案编制完成报经电力管理部门批准后执行。

第三节 特种设备的规定

考点 1　特种设备的分类

1.【答案】D

【解析】特种设备是指对人身和财产安全有较大危险性的锅炉、压力容器（含气瓶）、压力管道、电梯、起重机械、客运索道、大型游乐设施、场（厂）内专用机动车辆，以及法律、行政法规规定的其他特种设备。选项D不属于特种设备。

2.【答案】C

【解析】压力管道安装许可参数级别分GA、GB、GC。其中GB类又分为GB1（燃气管道）、GB2（热力管道）。

考点 2　特种设备制造、安装、改造及维修的规定

1.【答案】AB

【解析】选项A、B正确，固定式压力容器安装不单独进行许可，各类气瓶充装无需许可。选项C、D错误，压力容器改造和重大修理由取得相应级别制造许可的单位进行，不单独进行许可。选项E错误，锅炉安装（含修理、改造）（A、B）、公用管道安装（GB1、GB2）、工业管道安装（GC1、GC2、GCD）的许可由

省级市场监督管理部门实施。

2.【答案】C

【解析】电梯的安装、改造、维修，必须由电梯制造单位或者其通过合同委托、同意的取得许可的单位进行。电梯制造单位对电梯质量以及安全运行涉及的质量问题负责。

3.【答案】ADE

【解析】特种设备的安全技术档案应当至少包括：

（1）特种设备的设计文件、产品质量合格证明、安装及使用维修保养说明、监督检验证明等相关技术资料和文件，以及安装技术文件和资料。

（2）高耗能特种设备的能效测试报告。

第六章　相关标准

考点 1　建筑机电工程设计与施工标准

1.【答案】B

【解析】智能化各系统应在调试自检完成后进行一段时间连续不中断的试运行，当有联动功能时需要联动试运行。试运行中如出现系统故障，应在排除故障后，重新开始试运行直至满120h。

2.【答案】B

【解析】集中热水供应系统应设热水循环系统，居住建筑热水配水点出水温度达到最低出水温度的出水时间分别不应大于15s，公共建筑配水点出水温度不应大于10s。

3.【答案】CDE

【解析】根据《建筑碳排放计算标准》（GB/T 51366—2019），碳排放计算的标准为：

（1）建筑物碳排放计算应根据不同需求按阶段进行计算，如建筑材料生产及运输、建造及拆除、建筑物运行三个阶段，并可将分段计算结果累计为建筑全生命期碳排放。

（2）建筑运行阶段碳排放计算范围应包括暖通空调、生活热水、照明及电梯、可再生能源、建筑碳汇系统在建筑运行期间的碳排放量。暖通空调系统能耗应包括冷源能耗、热

源能耗、输配系统及末端空气处理设备能耗。

4. 【答案】D

【解析】公共建筑的浴室、卫生间和厨房的竖向排风管，应采取防止回流措施并宜在支管上设置公称动作温度为70℃的防火阀，选项D错误。公共建筑内厨房的排油烟管道宜按防火分区设置，且在与竖向排风管连接的支管处应设置公称动作温度为150℃的防火阀。

考点 2　工业机电工程设计与施工标准

1. 【答案】B

【解析】根据《石油化工静设备安装工程施工质量验收规范》(GB 50461—2008)，相关规定如下：

(1) 设备安装测量基准应符合下列规定：
①设备支座的底面作为安装标高的基准。
②立式设备任意两条相邻的方位线作为设备垂直度测量基准，选项B错误。
③卧式设备两侧水平方位线作为水平度的测量基准。
④套管式换热器以顶层换热管的上表面作为水平度的测量基准，以支架底板的底面作为安装标高的测量基准，以一根支架柱的外侧面作为单排管垂直度的测量基准。

(2) 耐压试验应采用液压试验，若采用气压试验代替液压试验时，必须符合下列规定：
①压力容器的焊接接头进行100%射线或超声检测，执行标准和合格级别执行原设计文件的规定。
②非压力容器的焊接接头进行25%射线或超声检测，合格级别射线检测为Ⅲ级、超声检测为Ⅱ级。

2. 【答案】D

【解析】汇流箱进线端及出线端与汇流箱地端绝缘电阻不应小于20MΩ。

第三篇　机电工程项目管理实务

第七章　机电工程企业资质与施工组织

考点 1　机电工程施工企业资质

1. 【答案】D

   【解析】机电工程施工总承包资质标准要求：
   (1) 企业的净资产。
   (2) 企业的主要人员配置。
   (3) 企业的工程业绩。

2. 【答案】B

   【解析】机电工程施工总承包二级资质标准：
   企业的净资产4000万元以上。
   企业的主要人员：机电工程、建筑工程专业注册建造师合计不少于12人，其中机电工程专业一级注册建造师不少于3人。技术负责人具有8年以上从事工程施工技术管理工作经历，且具有机电工程相关专业高级职称或机电工程专业一级注册建造师执业资格。
   企业的工程业绩：近5年承担过单项合同额1000万元以上的机电工程施工总承包工程2项。

3. 【答案】C

   【解析】机电工程承包工程范围：
   (1) 一级资质可承担各类机电工程的施工。
   (2) 二级资质可承担单项合同额3000万元以下的机电工程施工。
   (3) 三级资质可承担单项合同额1500万元以下的机电工程施工。
   输变电工程专业承包工程范围：
   (1) 一级资质可承担各种电压等级的送电线路和变电站工程的施工。
   (2) 二级资质可承担220kV以下电压等级的送电线路和变电站工程的施工。
   (3) 三级资质可承担110kV以下电压等级的送电线路和变电站工程的施工。

考点 2　二级建造师（机电工程）执业范围

1. 【答案】A

   【解析】机电安装工程的类别包括：一般工业、民用、公用建设工程的机电安装工程，净化工程，动力站安装工程，起重设备安装工程，轻纺工业建设工程，工业炉窑安装工程，电子工程，环保工程，体育场馆工程，机械、汽车制造工程，森林工业建设工程及其他相关专业机电安装工程等。

2. 【答案】B

   【解析】石油化工工程分为石油天然气建设（油田、气田地面建设工程），海洋石油工程，石油天然气建设（原油、成品油储库工程，天然气储库、地下储气库工程），石油天然气原油、成品油储库工程，天然气储库，地下储气库工程，石油炼制工程、石油深加工、有机化工、无机化工、化工医药工程，化纤工程等工程。

3. 【答案】B

   【解析】冶炼工程分为烧结球团工程、焦化工程、冶金工程、制氧工程、煤气工程、建材工程六种类别专业工程。

4. 【答案】B

   【解析】电力工程分为火电工程（含燃气发电机组）、送变电工程、核电工程、风电工程四种类别工程。

考点 3　施工项目管理机构

1. 【答案】C

   【解析】机电工程项目采购类型按采购内容可分为工程采购、货物采购与服务采购三种类型。

2. 【答案】A

   【解析】试运行准备工作有技术准备、组织准备、物资准备三个方面。

(1) 试运行的技术准备工作包括：确认可以试运行的条件、编制试运行总体计划和进度计划、制订试运行技术方案、确定试运行合格评价标准。

(2) 试运行的组织准备工作包括：组建试运行领导指挥机构，明确指挥分工；组织试运行岗位作业队伍，实行上岗前培训；在作业前进行技术交底和安全防范交底；必要时制订试运行管理制度。

(3) 试运行的物资准备工作包括：编制试运行物资需要量计划和费用使用计划。物资需要量计划应含燃料动力物资、投产用原料和消耗性材料需要量，还应包括检测用工具和仪器仪表需要量计划。

"技术准备""组织准备""物资准备"是试运行的准备工作。

考点 4 施工组织设计

1. 【答案】BCDE
   【解析】施工组织设计按施工组织设计的编制对象，可分为四类：施工组织总设计、单位工程施工组织设计、分部（分项）工程施工组织设计、临时用电施工组织设计。

2. 【答案】A
   【解析】施工现场临时用电设备在 5 台及以上或用电设备总容量为 50kW 及以上者，应编制临时用电施工组织设计，应在临电工程开工前编制完成。

3. 【答案】A
   【解析】施工组织总设计是编制单位工程和分部（分项）工程施工组织设计的依据。

4. 【答案】D
   【解析】施工组织总设计是以若干单位工程组成的群体工程或特大型项目为主要对象编制，对整个项目的施工过程起统筹规划、重点控制的作用。

5. 【答案】ABCD
   【解析】施工组织设计的编制依据：
   (1) 与工程建设有关的法律法规和文件。
   (2) 国家现行有关标准和技术经济指标。

   (3) 工程所在地区行政主管部门的批准文件，建设单位对施工的要求。
   (4) 工程施工合同或招标投标文件。
   (5) 工程设计文件。
   (6) 工程施工范围的现场条件，工程地质及水文地质、气象等自然条件。
   (7) 与工程有关的资源供应情况。
   (8) 施工企业的生产能力、机具装备、技术水平等。

6. 【答案】ABCE
   【解析】施工组织设计的内容包括：工程概况、施工部署、施工准备与资源配置计划、主要施工方案、施工现场平面布置及各项施工管理计划等。

7. 【答案】A
   【解析】施工组织总设计应由总承包单位技术负责人审批；单位工程施工组织设计应由施工单位技术负责人或技术负责人授权的技术人员审批；专项工程施工组织设计（施工方案）应由项目技术负责人审批；重大施工方案应由施工单位技术部门组织相关专家评审，施工单位技术负责人批准。

8. 【答案】A
   【解析】施工组织设计应由项目负责人主持编制，可根据需要分阶段编制和审批。

9. 【答案】AC
   【解析】施工方案的类型按方案所指导的内容可分为专业工程施工方案和危大工程安全专项施工方案两大类。

10. 【答案】A
    【解析】专业工程施工方案是指组织专业工程（含多专业配合工程）实施为目的，用于指导专业工程施工全过程各项施工活动需要而编制的工程技术方案。

11. 【答案】ABC
    【解析】施工方案应遵循先进性、可行性和经济性兼顾的原则。

12. 【答案】D
    【解析】安全专项施工方案应由施工单位技术部门组织本单位施工技术、安全、质量等部门的专业技术人员进行审核。

13. 【答案】ABC

    【解析】施工方案的编制内容包括：工程概况、编制依据、施工安排、施工进度计划、施工准备与资源配置计划、施工方法及工艺要求、质量安全保证措施等内容。

14. 【答案】ABCD

    【解析】施工技术交底的依据：项目质量策划、施工组织设计、专项施工方案、工程设计文件、施工工艺及质量标准等。

15. 【答案】C

    【解析】施工技术交底的类型：
    (1) 设计交底与图纸会审。
    (2) 项目总体交底。
    (3) 单位工程技术交底。
    (4) 分部分项工程技术交底。
    (5) 变更交底。
    (6) 安全技术交底。

16. 【答案】C

    【解析】应在工程开工前界定哪些项目的技术交底是重要的，对于重要的技术交底，其交底文件应经过项目技术负责人审核或批准。

17. 【答案】ABC

    【解析】重大设计变更是指变更对项目实施总工期和里程碑产生影响，或改变工程质量标准、整体设计功能，或增加的费用超出批准的基础设计概算，或增加了已批准概算中没有列入的单项工程，或工艺方案变化、扩大设计规模、增加主要工艺设备等改变基础设计范围等原因提出的设计变更。重大设计变更应按照有关规定办理审批手续。

18. 【答案】B

    【解析】一般设计变更是指在不违背批准的基础设计文件的前提下，对原设计的局部改进、完善。一般设计变更不改变工艺流程，不会对总工期产生影响，对工程投资影响较小。

19. 【答案】A

【解析】设计单位发出设计变更程序：
(1) 设计单位发出设计变更。
(2) 建设单位工程师组织总监理工程师、造价工程师论证变更影响。
(3) 建设单位工程师将论证结果报项目经理或总经理同意后，变更图纸或变更说明由建设单位发至监理工程师，监理工程师发至施工单位。

20. 【答案】ABC

    【解析】机电工程项目施工技术资料与竣工档案的特征有真实性、完整性、有效性、复杂性。

21. 【答案】D

    【解析】机电工程项目施工技术文件内容包括工程技术文件报审表、施工组织设计及施工方案、危险性较大的分部分项工程施工方案、技术交底记录、图纸会审记录、设计交底记录、设计变更通知单、工程洽商记录、技术核定单等。

22. 【答案】D

    【解析】施工技术资料的保存应以分项工程为基本单位进行。小型工程也可以子分部工程为单位保存，但保存过程中应进行分项区分，便于资料的保管、检查、检索以及竣工时归档整理。

23. 【答案】A

    【解析】选项A错误，一项建设工程由多个单位工程组成时，工程文件应按单位工程组卷。

    选项B正确，所有竣工图应由施工单位逐张加盖竣工图章。

    选项C正确，机电工程项目竣工档案一般不少于两套。

    选项D正确，纸质版与电子版竣工图中每一份图纸的签署者、日期应一致。

第八章 施工招标投标与合同管理

考点 1 施工招标投标

1. 【答案】ACD

【解析】国有资金占控股或者主导地位的依法必须进行招标的项目,应当公开招标;但有下列情形之一的,可以邀请招标:

(1) 技术复杂、有特殊要求或者受自然环境限制,只有少量潜在投标人可供选择。

(2) 采用公开招标方式的费用占项目合同金额的比例过大。

(3) 国务院发展改革部门和省、自治区、直辖市人民政府确定的重点项目不适宜公开招标的,经国务院发展改革部门或者省、自治区、直辖市人民政府批准,可以进行邀请招标。

(4) 不属于依法必须进行招标的项目,或者不属于必须依法进行公开招标的项目可以采用邀请招标。

(5) 涉及国家安全、国家秘密或者抢险救灾,不宜公开招标的,也可以采用邀请招标。

2. 【答案】BD

【解析】机电工程项目招标的方式分为公开招标和邀请招标。

3. 【答案】A

【解析】选项A正确,投标文件应当对招标文件提出的实质性要求和条件作出响应。

选项B错误,投标人少于3个的,招标人应当依照本法重新招标。

选项C错误,对技术复杂或者无法精确拟定技术规格的项目,招标人可以分两阶段进行招标。第一阶段,投标人按照招标公告或者投标邀请书的要求提交不带报价的技术建议。第二阶段,投标人按照招标文件的要求提交包括最终技术方案和投标报价的投标文件。

选项D错误,招标人可以自行决定是否编制标底,不得规定最低投标限价。

4. 【答案】ABCD

【解析】资格预审内容包括基本资格审查和专业资格审查。专业资格审查是资格审查的重点,主要内容包括:类似工程业绩;人员状况,包括承担本项目所配备的管理人员和主要人员的名单和简历;履行合同任务而配备的施工装备等;财务状况,包括申请人的资产负债表、现金流量表等。

5. 【答案】ABCE

【解析】对招标的机电工程应认真调研的重点:工程所在地的地方法律法规及特殊政策;工程所在地的资源情况,包括劳动力资源、材料设备供应情况(含价格)、当地市场的设备租赁情况(货源及价格)、当地的施工条件等。

6. 【答案】A

【解析】施工组织设计是报价的基础和前提,也是招标人评标时考虑的重要因素之一。

7. 【答案】ABD

【解析】电子招标投标系统根据功能的不同,分为交易平台、公共服务平台和行政监督平台。

考点 2 施工合同管理

1. 【答案】DE

【解析】施工合同分析的重点内容如下:

(1) 合同的法律基础,承包人的主要责任,工程范围,发包人的责任。

(2) 合同价格,计价方法和价格补偿条件,选项D、E符合题意。

(3) 工期要求和顺延及其惩罚条款,工程受干扰的法律后果,合同双方的违约责任。

(4) 合同变更方式,工程验收方法,索赔程序和争执的解决等。

2. 【答案】ABCD

【解析】施工合同分析的重点内容如下:

(1) 合同的法律基础,承包人的主要责任,工程范围,发包人的责任。

(2) 合同价格,计价方法和价格补偿条件。

(3) 工期要求和顺延及其惩罚条款,工程受干扰的法律后果,合同双方的违约责任。

(4) 合同变更方式,工程验收方法,索赔程序和争执的解决等。

3. 【答案】C

【解析】合同管理人员在对合同的主要内容

进行分析、解释和说明的基础上，组织分包单位与项目有关人员进行交底。

4. 【答案】D

【解析】根据合同实施偏差问题的分析结果，制定并采取调整措施。调整措施可以分为：组织措施、技术措施、经济措施和合同措施。

5. 【答案】A

【解析】选项A错误，总承包方对分包方及分包工程，应进行施工全过程的管理。

选项B正确，总承包方应派代表对分包方进行管理，并对分包工程施工进行有效控制和记录。

选项C正确，总承包方按施工合同约定，为分包方的合同履行提供现场平面布置、临时设施、轴线及标高测量等方面的必要服务。

选项D正确，总承包方或其主管部门应及时检查、审核分包方提交的文件资料，提出审核意见并批复。

6. 【答案】C

【解析】分包方经自行检验合格后，应事先通知总承包方组织预验收，认可后再由总承包单位报请建设单位组织检查验收，选项C正确。

7. 【答案】D

【解析】分包方的履行与管理的内容如下：

(1) 分包单位不得再次把工程转包给其他单位。

(2) 分包方必须遵守总承包方各项管理制度。

(3) 分包方按施工组织总设计编制分包工程施工方案，并报总包方审核。

(4) 分包方按总承包方的要求，编制分包工程的施工进度计划、预算、结算。

(5) 及时向总承包方提供分包工程的计划、统计、技术、质量、安全、环境保护和验收等有关资料。

(6) ~ (10) 略。

选项D属于总承包方管理的内容。

8. 【答案】C

【解析】合同变更范围：

(1) 增加或减少合同中任何工作，或追加额外的工作。

(2) 取消合同中任何工作，但转由其他人实施的工作除外。

(3) 改变合同中任何工作的质量标准或其他特性。

(4) 改变工程的基线、标高、位置或尺寸等设计特性。

(5) 改变工程的时间安排或实施顺序。

9. 【答案】ABCD

【解析】合同变更原因：

(1) 发包方的变更指令、对工程新的要求。

(2) 由于设计的错误，必须对设计图纸做修改。

(3) 工程环境的变化，预定的工程条件不准确，如遇不可预见的地质条件或地下障碍、不可预见的自然灾害，承包方要求变更实施方案或计划。

(4) 由于采用新的技术和工艺，合同双方认为有必要改变原设计、实施方案或实施计划，或由于发包方指令及发包方的原因造成承包商施工方案的变更。

(5) 政府部门对项目有新的要求，如国家计划变化、环境保护要求、城市规划变动等。

(6) 由于合同实施出现问题，必须调整合同目标或修改合同条款。

(7) 合同双方当事人由于倒闭或其他原因转让合同，造成合同当事人的变化。

10. 【答案】CDE

【解析】索赔发生的原因：

(1) 合同当事方违约，不履行或未能正确履行合同义务与责任。

(2) 合同条文错误，如合同条文不全、错误、矛盾，设计图纸、技术规范错误等。

(3) 合同变更。

(4) 不可抗力因素。如恶劣气候条件、地震、疫情、洪水、战争状态等。

11. 【答案】AE

【解析】索赔的分类：

(1) 按索赔目的分：工期索赔和费用索赔。
(2) 按索赔的有关当事人分：总承包方与发包方之间的索赔；总包方与分包方之间的索赔；总包方与供货商之间的索赔；总包方向保险公司的索赔。
(3) 按索赔的业务范围分：施工索赔、商务索赔。
(4) 按索赔发生的原因分：延期索赔、工程范围变更索赔、施工加速索赔和不利现场条件索赔。

选项B、C、D属于按索赔的有关当事人分类。

12. 【答案】ADE
【解析】索赔的分类：
(1) 按索赔目的分：工期索赔和费用索赔。
(2) 按索赔的有关当事人分：总包方与业主之间的索赔；总包方与分包方之间的索赔；总包方与供货商之间的索赔；总包方向保险公司的索赔。
(3) 按索赔的业务范围分：施工索赔、商务索赔。
(4) 按索赔发生的原因分：延期索赔、工程范围变更索赔、施工加速索赔和不利现场条件索赔。

选项B、C属于按索赔的业务范围分类。

13. 【答案】C
【解析】机电工程项目索赔的处理过程：意向通知→资料准备→索赔报告的编写→索赔报告的提交→索赔报告的评审→索赔谈判→争端的解决。

14. 【答案】B
【解析】机电工程项目索赔的处理过程：意向通知→资料准备→索赔报告的编写→索赔报告的提交→索赔报告的评审→索赔谈判→争端的解决。

15. 【答案】D
【解析】索赔成立的前提条件，应该同时具备以下三个前提条件：
(1) 与合同对照，事件已造成了承包商工程项目成本的额外支出，或直接工期损失，或

选项D错误。
(2) 造成费用增加或工期损失的原因，按合同约定不属于承包商的行为责任或风险责任。
(3) 承包商按合同规定的程序和时间提交索赔意向通知和索赔报告。

第九章　施工进度管理

考点 1　施工进度计划

1. 【答案】ACD
【解析】横道图计划编制方法简单，便于实际进度与计划进度比较，便于计算劳动力、机具、材料和资金的需要量。

2. 【答案】B
【解析】网络图（双代号）表示的施工进度计划能够明确表达各项工作之间的逻辑关系，通过网络计划时间参数的计算，可以找出关键线路和关键工作，计算出总工期。

3. 【答案】B
【解析】单位工程施工进度计划是编制该工程施工作业进度计划的依据。

4. 【答案】C
【解析】在确定各项工程的开竣工时间和相互搭接协调关系时，应考虑以下因素：
(1) 保证重点、兼顾一般，优先安排工程量大的工艺生产主线。
(2) 满足连续均衡施工要求，使资源得到充分的利用，提高生产率和经济效益。
(3) 留出一些后备工程，以便在施工过程中作为平衡调剂使用。
(4) 考虑各种不利条件的限制和影响，为缓解或消除不利影响做准备。
(5) 考虑业主的配合及当地政府有关部门的影响等。

5. 【答案】D
【解析】作业进度计划可按分项工程或工序为单元进行编制。

6. 【答案】ABCD
【解析】作业进度计划应具体体现施工顺序

安排的合理性，即满足先地下后地上、先深后浅、先干线后支线、先大后小等的基本要求。

考点 2　施工进度控制

1. 【答案】CDE

   【解析】设计单位的原因：施工图纸提供不及时或图纸修改，造成工程停工或返工，影响计划进度。

   选项 A、B 属于设计单位的原因；选项 C、D 属于建设单位的原因；选项 E 属于施工单位的原因。

2. 【答案】D

   【解析】若工作的进度偏差小于或等于该工作的总时差，此偏差对总工期无影响，但它对后续工作的影响程度，则需要通过比较偏差与自由时差的大小来确定，选项 D 说法错误。

3. 【答案】D

   【解析】进度控制措施中属于技术措施的有：

   （1）为实现计划进度目标，优化施工方案，分析改变施工技术、施工方法和施工机械的可能性。

   （2）审查分包单位提交的进度计划，使分包单位能在满足总进度计划的状态下施工。

   （3）编制施工进度控制工作细则，指导项目部人员实施进度控制。

   （4）采用网络计划技术及其他适用的计划方法，并应用计算机技术，对机电工程进度实施动态控制。

   （5）施工前应加强图纸审查，严格控制随意变更。

第十章　施工质量管理

考点 1　施工质量控制

1. 【答案】B

   【解析】项目质量计划的编制原则：以项目策划为依据，将企业管理手册、程序文件的原则要求转化为项目的具体操作要求，是质量策划的一部分。

2. 【答案】B

   【解析】事后控制：

   （1）竣工质量检验控制。

   （2）工程质量评定。

   （3）工程质量文件审核与建档。

   （4）回访和保修。

   选项 A、C、D 均属于事后控制，选项 B 属于事中控制。

3. 【答案】B

   【解析】根据各控制点对工程质量的影响程度，分为 A、B、C 三级。

   （1）A 级控制点：影响装置、设备的安全运行、使用功能或运行后出现质量问题时必须停车才可处理或合同协议有特殊要求的质量控制点，必须由施工、监理和业主三方质检人员共同检查确认并签证。

   （2）B 级控制点：影响下道工序质量的质量控制点，由施工、监理双方质检人员共同检查确认并签证。

   （3）C 级控制点：对工程质量影响较小或开车后出现问题可随时处理的次要质量控制点，由施工方质检人员自行检查确认。

4. 【答案】AB

   【解析】工序质量控制的方法一般有质量预控、工序分析、质量控制点设置三种，以质量预控为主。

5. 【答案】CD

   【解析】工序分析的步骤：第一步是用因果分析图法书面分析；第二步进行试验核实，可根据不同的工序用不同的方法，如优选法等；第三步是制定标准进行管理，主要应用系统图法和矩阵图法。

考点 2　施工质量检验

1. 【答案】C

   【解析】现场质量检查的方法主要有目测法、实测法、试验法等。

2. 【答案】A

   【解析】现场质量检查的内容包括：开工前

的检查，工序交接检查，隐蔽工程的检查，停工后复工的检查，分项、分部工程完工后检查，成品保护的检查。

3. 【答案】B

【解析】"三检制"是指操作人员的"自检""互检"和专职质量管理人员的"专检"相结合的检验制度。它是施工企业确保现场施工质量的一种有效的方法。

4. 【答案】ABE

【解析】检验试验计划的编制依据和主要内容如下：

(1) 编制依据：设计图纸、施工质量验收规范、合同规定内容，选项A、B、E正确。

(2) 主要内容：检验试验项目名称；质量要求；检验方法（专检、自检、目测、检验设备名称和精度等）；检测部位；检验记录名称或编号；何时进行检验；责任人；执行标准。

5. 【答案】ACDE

【解析】现场质量检查的方法主要有目测法、实测法、试验法等。其中试验法指通过必要的试验手段对质量进行判断的检查方法。主要包括：理化试验、无损检测、试压、试车等。

6. 【答案】C

【解析】分项工程验收指在施工单位自检的基础上，由建设单位专业技术负责人（监理工程师）组织施工单位专业技术质量负责人进行验收。

考点 3　施工质量问题和质量事故处理

1. 【答案】C

【解析】质量问题是指工程质量不符合规定要求，包括质量缺陷、质量不合格和质量事故等。凡是工程质量不合格，必须进行返修、加固或报废处理，造成直接经济损失不大的为质量问题，由企业自行处理。

2. 【答案】D

【解析】工程项目质量事故具有复杂性、严重性、可变性、多发性等特点。

3. 【答案】C

【解析】事故报告后出现新情况，以及事故发生之日起30日内伤亡人数发生变化的，应当及时补报。

4. 【答案】A

【解析】工程发生施工质量事故部位处理方式有：返工处理、返修处理、限制使用、不作处理、报废处理五种情况。当工程质量缺陷经过修补处理后不能满足规定的质量标准要求，或不具备补救可能性则必须采取返工处理，选项A正确。

5. 【答案】ACD

【解析】质量事故调查报告应当包括下列内容：

(1) 事故项目及各参建单位概况。

(2) 事故发生经过和事故救援情况。

(3) 事故造成的人员伤亡和直接经济损失。

(4) 事故项目有关质量检测报告和技术分析报告。

(5) 事故发生的原因和事故性质。

(6) 事故责任的认定和事故责任者的处理建议。

(7) 事故防范和整改措施。

事故调查报告应当附具有关证据材料。事故调查组成员应当在事故调查报告上签名。

第十一章　施工成本管理

考点 1　施工成本构成

1. 【答案】ABCD

【解析】工程量清单由分部分项工程项目清单、措施项目清单、其他项目清单、规费和税金项目清单组成。

2. 【答案】BCD

【解析】其他项目清单的具体内容一般有：暂列金额；暂估价（包括材料暂估单价、工程设备暂估单价和专业工程暂估价）；计日工；总承包服务费。

考点 2 施工成本控制

1. 【答案】ABCD
【解析】施工成本控制应遵循成本最低化原则、全面成本控制原则、动态控制原则、责权利相结合以及开源节流相结合的原则。

2. 【答案】AC
【解析】施工成本控制的依据有：合同文件、成本计划、进度报告、工程变更与索赔资料、各种资源的市场信息等。

3. 【答案】D
【解析】本题考查的是施工成本计划的实施。机电安装工程如包括工程设备采购，因包括设备采购成本、设备交通运输成本和设备质量成本等，占成本份额大，必须进行重点控制，尽可能降低采购、运输成本，减少设备仓储保管费用。

4. 【答案】C
【解析】项目实际成本指施工过程中实际发生的可以列入成本支出的费用总和，是项目施工活动中各种消耗的综合反映。

5. 【答案】A
【解析】本题考查的是降低施工成本的措施。项目考核成本：企业下达给项目部的成本是项目考核成本，是根据企业的有关定额经过评估、测算而下达的用于考核的成本。它是考核工程项目成本支出的重要尺度。

6. 【答案】A
【解析】选项A属于降低项目施工成本的组织措施；选项B属于技术措施；选项C属于经济措施；选项D属于合同措施。

7. 【答案】ACD
【解析】降低项目成本的技术措施是降低成本的保证，在工程施工过程采用先进的技术措施，通过技术措施与经济措施相结合的方式，以技术优势来取得经济效益，降低项目成本。
(1) 制定先进合理的施工方案和施工工艺。
(2) 积极推广应用新技术。
(3) 加强技术、质量检验。

选项A、C、D属于技术措施，选项B属于经济措施，选项E属于组织措施。

第十二章 施工安全管理

考点 1 施工现场安全管理

1. 【答案】A
【解析】项目经理应为工程项目安全生产第一责任人，应负责分解落实安全生产责任，实施考核奖惩，实现项目安全管理目标。

2. 【答案】ABC
【解析】分包人的安全生产责任应包括：分包人对其所承担工作任务相关的安全工作负责，认真履行分包合同规定的安全生产责任；遵守承包人的相关安全生产制度，服从承包人的安全生产管理，及时向承包人报告伤亡事故并参与调查，处理善后事宜。

选项A、B、C属于分包人安全生产责任，选项D、E属于承包人对分包人的安全生产责任。

3. 【答案】A
【解析】生产经营单位要对本单位的重大危险源进行登记建档，建立重大危险源管理档案，并按照国家和地方有关部门重大危险源申报登记的具体要求，在每年3月底前将有关材料报送当地县级以上人民政府安全生产监督管理部门备案。

4. 【答案】C
【解析】国内外已经开发出的危险源辨识方法有几十种之多，如安全检查表、预危险性分析、危险和操作性研究、故障类型和影响性分析、事件树分析、故障树分析、LEC法、储存量比对法等。项目施工危险源辨识常采用"安全检查表"方法。

考点 2 施工安全实施要求

1. 【答案】C
【解析】特种设备在投入使用前或者投入使用后30日内，特种设备使用单位应当向直辖市或者设区的市的特种设备安全监督管理部门登记；登记标志应当置于或者附着于该特种设备的显著位置。

2.【答案】ABCD

【解析】起重机吊装过程中，应重点监测吊点及吊索具受力；起升卷扬机及变幅卷扬机；超起系统工作区域；起重机吊装主要参数仪表显示变化情况（吊臂长度、工作半径、仰角、载荷及负载率等）；吊装安全距离；起重机水平度及地基变化情况等；对起吊物进行移动、吊升、停止、安装时的全过程应用旗语或通用手势信号进行指挥，信号不明不得起动，上下相互协调联系应采用无线通信设备（如：对讲机）。

3.【答案】ABD

【解析】安全技术交底的具体内容如下：
(1) 安全技术交底制度。
①《建设工程安全生产管理条例》规定：建设工程施工前，施工单位负责项目管理的技术人员应当对有关安全施工的技术要求向施工作业班组、作业人员作出详细说明，并由双方签字确认。工程技术人员要将工程概况、施工方法、安全技术措施等向全体职工详细交底，由双方签字确认并存档。
②分项、分部工程施工前，工长（施工员）向所管辖的班组进行安全技术措施交底。
③两个以上施工队或工种配合施工时，工长（施工员）要按交叉施工安全技术措施的要求向班组长进行交叉作业的安全技术交底。
④专项施工方案实施前，编制人员或项目技术负责人应向施工现场管理人员进行交底。施工现场管理人员应向作业人员进行安全交底，并由双方和项目专职安全生产管理人员签字确认。
⑤班组长要认真落实安全技术交底，每天要对工人进行施工要求、作业环境的安全交底。
⑥安全技术交底可以分为：施工工种安全技术交底，分项、分部工程施工安全技术交底，采用新技术、新设备、新材料、新工艺施工的安全技术交底。

⑦施工条件发生变化时，应针对性地补充交底内容；冬、雨季施工应有针对季节气候特点的安全技术交底；工程因故停工，复工时应重新进行安全技术交底。
(2) 安全技术交底记录。
①工长（施工员）进行书面交底后，应保存安全技术交底记录和所有参加交底人员的签字。
②交底记录由安全员负责整理归档；交底人及安全员应对安全技术交底的落实情况进行检查，发现有违反安全规定的情形应立即采取整改措施。安全技术交底记录一式三份，分别由工长、施工班组和安全员留存。

4.【答案】ADE

【解析】生产经营单位应急预案分为综合应急预案、专项应急预案、现场处置方案。

5.【答案】AC

【解析】根据生产安全事故造成的人员伤亡或者直接经济损失，生产安全事故一般分4个等级：特别重大事故、重大事故、较大事故、一般事故。

6.【答案】A

【解析】特别重大事故由国务院或由国务院授权有关部门组织事故调查组进行调查；重大事故、较大事故、一般事故分别由省级、市级、县级人民政府负责调查；未造成人员伤亡的一般事故，县级人民政府也可委托事故发生单位组织调查组进行调查。重大事故由省级人民政府负责调查，选项A正确。

7.【答案】ACE

【解析】报告事故的内容：
(1) 事故发生单位概况。
(2) 事故发生的时间、地点以及施工现场情况。
(3) 事故的简要经过。
(4) 事故已经造成或者可能造成的伤亡人数（包括下落不明的人数）和初步估计的直接经济损失。
(5) 事故已经采取的措施。
(6) 其他应报告的情况。

第十三章 绿色施工及现场环境管理

考点 1 绿色施工

1. 【答案】D

【解析】施工单位应建立以项目经理为第一责任人的绿色施工管理体系，制定绿色施工管理制度，负责绿色施工的组织实施，进行绿色施工教育培训，定期开展自查、联检和评价工作。

2. 【答案】ACDE

【解析】绿色施工总体上由绿色施工管理、环境保护、节材与材料资源利用、节水与水资源利用、节能与能源利用、节地与施工用地保护六个方面组成。

3. 【答案】ACE

【解析】绿色施工管理包括组织管理、规划管理、实施管理、评价管理和人员安全与健康管理五个方面。

考点 2 施工现场环境管理

1. 【答案】ADE

【解析】土壤保护措施包括：
（1）保护地表环境，防止土壤侵蚀、流失。因施工造成的裸土应及时覆盖。
（2）污水处理设施等不发生堵塞、渗漏、溢出等现象。
（3）防腐保温用油漆、绝缘脂和易产生粉尘的材料等应妥善保管，对现场地面造成污染时应及时进行清理。
（4）对于有毒有害废弃物应回收后交有资质的单位处理，不能作为建筑垃圾外运。
（5）施工后应恢复施工活动破坏的植被。
选项B属于扬尘控制，选项C属于水污染控制。

2. 【答案】ABCD

【解析】本题考查的是施工现场临时用电管理措施：
（1）临时用电有方案和管理制度，临时用电由持证电工专人管理，电工个人防护整齐。

（2）配电箱和控制箱选型、配置合理，箱体整洁、安装牢固。
（3）配电系统和施工机具采用可靠的接地保护，配电箱和控制箱均设两级漏电保护，选项E错误。
（4）电动机具电源线压接牢固，绝缘完好，无乱拉、扯、压、砸现象；电焊机一、二次线防护齐全，焊把线双线到位，无破损。
（5）配电线路架设和照明设备、灯具的安装、使用应符合规范要求。

3. 【答案】BCDE

【解析】施工现场通道及安全防护措施：
（1）场区人行道应标识清楚，并与主路之间采取隔离措施。
（2）消防通道必须建成环形或足以能满足消防车回车条件，且宽度不小于3.5m。
（3）所有施工场点标识出人行通道并用隔离布带隔离。
（4）所有临时楼梯必须按规定要求制作安装，两边扶手用安全网防护。
（5）高2m以上平台必须安装护栏。
（6）所有吊装区必须设立警戒线，并用隔离布带隔离，标识明显。
（7）所有高处作业必须挂安全网，做安全护栏，并设置踢脚板防止坠物，靠人行道和马路一侧要用安全网封闭。
（8）施工通道处应有必要的照明设施。

第十四章 机电工程施工资源与协调管理

考点 1 施工资源管理

1. 【答案】A

【解析】项目部负责人：项目经理、项目副经理、项目技术负责人。项目经理必须具有机电工程建造师资格及安全生产考核合格证。

2. 【答案】A

【解析】对离开特种作业岗位6个月以上的特种作业人员，应当重新进行实际操作考试，经确认合格后方可上岗作业。

3. 【答案】C

【解析】无损检测Ⅰ级人员可进行无损检测操作，记录检测数据，整理检测资料。

Ⅱ级人员可根据无损检测工艺规程编制针对具体工件的无损检测操作指导书，按照规范、标准规定，评定检测结果，编制或者审核无损检测报告。

Ⅲ级人员可根据标准编制和审核无损检测工艺，确定用于特定对象的特殊无损检测方法、技术和工艺规程，对无损检测结果进行分析、评定或者解释。

无损检测人员必须取得"特种设备检验检测人员证"，方可从事与其资格证方法、级别相对应的无损检测工作。

4. 【答案】ABDE

【解析】优化配置劳动力的依据：项目所需劳动力的种类及数量；项目的进度计划；项目的劳动力供给市场状况，包括劳动力供给方的议价能力和可获得性。

5. 【答案】ABCE

【解析】材料进场验收要求：

(1) 进场验收、复检。在材料进场时必须根据进料计划、送料凭证、质量保证书或产品合格证，进行材料的数量和质量验收；要求复检的材料应有取样送检证明报告。

(2) 按验收标准、规定验收。验收工作按质量验收规范和计量检测规定进行。

(3) 验收内容应完整。包括品种、规格、型号、质量、数量、证件等。

(4) 做好记录、办理验收。验收要做好记录、办理验收手续。

(5) 不合格的材料拒绝接收。

6. 【答案】ACDE

【解析】在材料进场时必须根据进料计划、送料凭证、质量保证书或产品合格证，进行材料的数量和质量验收。

7. 【答案】D

【解析】施工机具的选择主要按类型、主要性能参数、操作性能来进行，要切合需要、实际可行、经济合理。其选择原则是：

(1) 施工机具的类型，应满足施工部署中的机械设备供应计划和施工方案的需要。

(2) 施工机具的主要性能参数，要能满足工程需要和保证质量要求。

(3) 施工机具的操作性能，要适合工程的具体特点和使用场所的环境条件。

(4) 能兼顾施工企业近几年的技术进步和市场拓展的需要。

(5) 尽可能选择操作上安全、简单、可靠，品牌优良且同类设备同一型号的产品。

(6) 综合考虑机械设备的选择特性。

8. 【答案】ABCE

【解析】施工机具的使用应贯彻"人机固定"原则，实行定机、定人、定岗位责任的"三定"制度。执行重要施工机械设备专机专人负责制、机长负责制和操作人员持证上岗制。

9. 【答案】C

【解析】施工机械设备操作人员要求：

(1) 严格按照操作规程作业，搞好设备日常维护，保证机械设备安全运行。

(2) 特种作业严格执行持证上岗制度并审查证件的有效性和作业范围。

(3) 逐步达到本级别"四懂三会"（四懂：懂性能、懂原理、懂结构、懂用途；三会：会操作、会保养、会排除故障）的要求。

(4) 做好机械设备运行记录，填写项目真实、齐全、准确。

10. 【答案】B

【解析】选项A正确，"三会"是：会操作、会保养、会排除故障。

选项B错误，属于特种设备的应履行报检程序。

选项C、D正确，施工机具的使用应贯彻人机固定原则，实行定机、定人、定岗位责任的三定制度。

考点 2　施工协调管理

1. 【答案】ADE

【解析】与施工资源分配供给的协调：

(1) 施工资源分为人力资源、施工机具、施工技术资源、设备和材料、施工资金资源，也称五大生产要素。

(2) 施工资源分配供给协调要注意符合施工进度计划安排、实现优化配置、进行动态调度、合理有序供给、发挥资金效益，尤其是资金资源的调度使用对资源管理协调的成效起着基础性的保证作用。

2.【答案】ABCD
【解析】质量管理协调主要作用于质量检查、检验计划编制与施工进度计划要求的一致性，作用于质量检查或验收记录的形成与施工实体进度形成的同步性，作用于不同专业施工工序交接间的及时性，作用于发生质量问题后处理的各专业间作业人员的协同性。

3.【答案】D
【解析】内部协调管理的形式：
(1) 例行的管理协调会。
(2) 建立协调调度室或设立调度员。
(3) 项目经理或授权的其他领导人指令。

4.【答案】C
【解析】与施工单位有合同契约关系的单位间协调的单位：发包单位、业主及其代表、监理单位；材料供应单位或个人；设备供应单位；施工机械出租单位；经委托的检验、检测、试验单位；临时设施场地或建筑物出租单位或个人；其他。

第十五章　机电工程试运行及竣工验收管理

考点 1　试运行管理

1.【答案】D
【解析】单机试运行由施工单位负责。工作内容包括：负责编制完成试运行方案，并报建设单位、监理审批；组织实施试运行操作，做好测试、记录并进行单机试运行验收。

2.【答案】A
【解析】选项A错误，联动试运行适用于成套设备系统的大型工程，例如，炼油化工工程，连续机组的机电工程等。

选项B正确，单机试运行属于工程施工安装阶段的工作内容。

选项C正确，中小型单体设备工程一般可只进行单机试运行。

选项D正确，确因受介质限制或必须带负荷才能运转而不能进行单机试运行的单台设备，按规定办理批准手续后，可留待带负荷试运行阶段一并进行。中小型单体设备工程一般可只进行单机试运行。

3.【答案】ADE
【解析】工程中间交接完成包括的内容：
(1)"三查四定"（三查：查设计漏项、未完工程、工程质量隐患；四定：对查出的问题定任务、定人员、定时间、定措施）的问题整改消缺完毕，遗留尾项已处理完。
(2) 影响投料的设计变更项目已施工完。
(3) 现场清洁，施工用临时设施已全部拆除，无杂物，无障碍。

4.【答案】ABE
【解析】单机试运行的范围：驱动装置、传动装置、单台机械设备（机组）及其辅助系统（如电气系统、润滑系统、液压系统、气动系统、冷却系统、加热系统、检测系统等）和控制系统（如设备启停、换向、速度等自动化仪表就地控制、计算机PLC程序远程控制、联锁、报警系统等）。

5.【答案】AB
【解析】试运行方案由施工项目总工程师组织编制，经施工企业总工程师审定，报建设单位或监理单位批准后实施。

6.【答案】ABCE
【解析】参加联动试运行的人员应掌握开车、停车、事故处理和调整工艺条件的技术。

7.【答案】C
【解析】建筑电气与智能化系统运行维护工作应符合下列规定：
(1) 对高压固定电气设备进行运行维护，除进行电气测量外，不得带电作业。
(2) 对低压固定电气设备进行运行维护，当不停电作业时,应采取安全预防措施。

(3) 在易燃、易爆区域内或潮湿场所进行低压电气设备检修或更换时,必须断开电源,不得带电作业。

(4) 不得带电作业的现场,停电后应在操作现场悬挂"禁止合闸、有人工作"标志牌,停送电必须由专人负责。

考点 2　竣工验收管理

1. 【答案】D

【解析】工程计价的依据:

(1) 分部分项工程量:包括项目建议书、可行性研究报告、设计文件等。

(2) 人工、材料、机械等实物消耗量:包括投资估算指标、概算定额、预算定额等。

(3) 工程单价:包括人工单价、材料价格和机械台班费等。

(4) 设备单价:包括设备原价、设备运杂费、进口设备关税等。

(5) 施工组织措施费、间接费和工程建设其他费用:主要是相关的费用定额和指标。

(6) 政府规定的税费。

(7) 物价指数和工程造价指数。选项D不属于工程计价的依据。

2. 【答案】B

【解析】发包人应在签发进度款支付证书后的14天内,向承包人支付进度款。

3. 【答案】C

【解析】除专用合同条款另有约定外,发包人应在工程开工后的28天内预付不低于当年施工进度计划的安全文明施工费总额的50%,其余部分应与进度款同期支付。

4. 【答案】ABC

【解析】本题考查的是施工结算规定的应用。工程竣工结算价款=合同价款+施工过程中调整预算或合同价款调整数额－预付及已结算工程价款－质量保证金。故选项ABC不属于应扣除的款项。

5. 【答案】B

【解析】专项验收的一般规定:

(1) 建设工程项目的消防设施、安全设施及环境保护设施应与主体工程同时设计、同时施工、同时投入生产和使用。

(2) 建设单位应向政府有关行政主管部门申请建设工程项目的专项验收,包括规划、消防、节能、环保、卫生、防雷、人防、绿化等。

(3) 消防验收应在建设工程项目投入试生产前完成。

(4) 安全设施验收及环境保护验收应在建设工程项目试生产阶段完成。

6. 【答案】ACD

【解析】单位(子单位)工程质量验收合格规定:

(1) 构成单位工程的各分部工程质量均应验收合格。

(2) 质量控制资料应完整、真实。

(3) 单位(子单位)工程所含分部工程的有关安全、节能、环境保护和主要使用功能的检测资料应完整。

(4) 主要功能项目的抽查结果应符合国家现行强制性工程建设规范的规定。

(5) 观感质量验收应符合要求。

第十六章　机电工程运维与保修管理

考点 1　运维管理

1. 【答案】B

【解析】运行管理记录应包括下列内容:

(1) 运行系统运行管理方案及运行管理记录。

(2) 各系统设备性能参数及易损易耗配件型号参数名册。

(3) 各主要设备运行参数记录。

(4) 日常事故分析及其处理记录。

(5) 日常巡回检查记录。

(6) 全年运行值班记录及交接班记录。

(7) 各主要设备维护保养及日常维修记录。

(8) 设备和系统部件的大修和更换零配件及易损件记录。

(9) 年度运行总结和分析资料等。其余属于运行系统的设计、施工、调试、检测，以及评定的必备文件档案。

2.【答案】ABCD
【解析】(1) 机电工程项目维护的组织要求包括：
①目的是保证机电设备功能稳定、工作状态正常、系统运行安全可靠。
②维护保养单位应取得从事相关维护保养工作的资质许可。
③运行维护人员应按相关规定持有相应专业、工种的职业资格证书或上岗证书。
④维护保养单位应建立健全机电工程维护保养管理制度。
(2) 系统维护工作包括常规维护保养和定期维护保养。
①常规维护保养。
日常开展的维护保养工作，主要包括系统运行效果检查、设备运行状态检查、安全检查以及日常清理工作。
②定期维护保养。
定期开展的维护保养工作，一般半年或一年一次，通常在系统运行的淡季进行，主要包括系统重要功能及效果的检测、易损部件的更换及设备的全面清理。

3.【答案】D
【解析】系统维护工作包括常规维护保养和定期维护保养。
(1) 常规维护保养。
日常开展的维护保养工作，主要包括系统运行效果检查、设备运行状态检查、安全检查以及日常清理工作。
(2) 定期维护保养。
定期开展的维护保养工作，一般半年或一年一次，通常在系统运行的淡季进行，主要包括系统重要功能及效果的检测、易损部件的更换及设备的全面清理。

考点 2　保修与回访管理

1.【答案】C

【解析】建设工程在保修范围和保修期限内出现的质量问题是由双方的责任造成的，应协商解决，商定各自的经济责任，由施工单位负责修理。

2.【答案】B
【解析】电气管线、给水排水管道、设备安装工程保修期为 2 年，供热和供冷系统为 2 个供暖期或供冷期。

3.【答案】B
【解析】建设工程的保修期自竣工验收合格之日起计算。

4.【答案】B
【解析】供热和供冷系统为 2 个供暖期或供冷期。

5.【答案】B
【解析】电气管线、给水排水管道、设备安装工程保修期为 2 年。

6.【答案】AB
【解析】本题考查的是保修的实施。电气管线、给水排水管道、设备安装工程保修期为 2 年。

7.【答案】A
【解析】在发生问题的部位或项目修理完毕后，要在保修证书的"保修记录"栏内做好记录，并经建设单位验收签认，以表示修理工作完成。

8.【答案】B
【解析】在规定的期限内，由施工单位主动到建设单位或用户进行回访，对工程确由施工造成的无法使用或达不到生产能力的部分，应由施工单位负责修理，使其恢复正常。

9.【答案】ACDE
【解析】信息传递方式回访一般采用邮件、电话、传真或电子信箱等。

10.【答案】B
【解析】座谈会方式回访，由建设单位组织座谈会或意见听取会。

第四篇 案例专题模块

模块一 施工进度管理

案例一

1. 关键线路为：①→⑤→⑥→⑩→⑪→⑫。
   总工期为：75＋32＋64＋10＋10＝191（d）。
2. 按原计划塔机进场不能连续作业，要闲置4天。理由：按照原计划，设备钢架吊装和工艺设备吊装之间有4天的总时差，不能连续作业。
3. 施工单位调整计划后能保证按原计划工期实现。因为钢结构设计制作耽误10天，但设备钢架吊装有自由时差4天，工艺设备调整压缩6天，总工期仍是191天。
4. 安装自动化仪表取源部件的开孔与焊接要求：
   （1）安装取源部件的开孔与焊接必须在工艺管道或设备的防腐、衬里、吹扫和压力试验前进行。
   （2）在高压、合金钢、有色金属的工艺管道和设备上开孔时，应采用机械加工的方法。
   （3）安装取源部件时，不应在焊缝及其边缘上开孔及焊接。

案例二

1. 确定机电工程项目施工顺序，要突出主要工程，要满足先地下后地上、先干线后支线等施工基本顺序要求，满足质量和安全的需要，注意生产辅助装置和配套工程的安排，满足用户要求。
2. 网络图如下图所示：

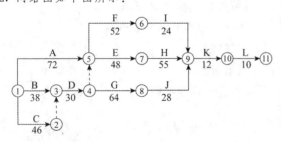

关键工作为：C→D→E→H→K→L。
总工期为：46＋30＋48＋55＋12＋10＝201（d）。
3. 对照计划进行跟踪，检查进度实际情况，检查内容有：关键工作进度、时差利用和工作衔接关系的变动情况、资源状况、成本状况、管理情况等。
4. 联动试运行应符合的规定：
   （1）必须按照试运行方案及操作规程精心指挥和操作。
   （2）试运行人员必须按建制上岗，服从统一指挥。
   （3）不受工艺条件影响的仪表、保护性联锁、报警皆应参与试运行，并应逐步投用自动控制系统。
   （4）划定试运行区域，无关人员不得进入。
   （5）认真做好记录。

案例三

1. 设备吊装工程中应配置主要的施工作业人员有：
   信号指挥员、司索人员、起重工、钳工、焊工。
2. 吊机站立位置的地基应清理，按规定进行耐压力测试。
   起重机选用的基本参数主要有吊装载荷、计算载荷、额定起重量、最大幅度、最大起升高度。
3. 在设备吊装进度表中，"先吊装锅炉，后吊装蓄冰槽"不合理。
   理由：蓄冰槽是利用锅炉房的泄爆口吊装的，锅炉吊装后，会影响蓄冰槽的吊装。
   纠正：锅炉吊装应安排在蓄冰槽吊装后。
4. 确定空调工程项目的施工顺序原则有：
   （1）要突出主要工程和工作内容。
   （2）要满足先地下后地上，先深后浅，先里后外，先干线后支线等施工的基本顺序要求。

(3) 满足质量和安全的需要。

(4) 满足用户要求。

(5) 注意生产辅助装置和配套工程的安排。

案例四

1. 按照原计划，吊车应安排在第 91 天进场投入使用。

   理由：G 工作第 121 天（45＋75＋1）开始，E 工作在第 120 天完工即可，而 E 工作的持续时间为 30 天，只要能保证 E 和 G 连续施工，就能使塔吊不闲置，所以第 91 天（121－30）安排吊车入场可使其不闲置。

2. 调整方案可行。

   理由：E 和 G 共用一台吊车，B 工作延误 20 天后，先进行 G 工作，G 工作第 165（45＋75＋45）天完工；而 E 工作的总时差为 95 天，工期延误天数 90（165－75）天小于总时差 95 天，所以不会影响总工期，方案可行。

3. 吊车专项施工方案在施工前应由机电工程公司单位技术负责人、总监理工程师签字。

   塔吊选用还应考虑的基本参数有额定起重量、最大幅度、最大起升高度。

4. 轴系初找；凝汽器灌水至运行重量后的复找；气缸扣盖前的复找；基础二次灌浆前的复找；基础二次灌浆后的复找。

模块二 施工质量管理

案例一

1. 一般情况下，原材料、半成品、成品的检验以专职检验人员为主。生产过程的各项作业的检验则以施工现场操作人员的自检、互检为主，专职检验人员巡回抽检为辅。事件一问题出在自检和互检，在这两个环节失控。

2. 影响施工质量的因素有人、机（包括检验器具）、料、法、环五大因素；影响本工程的环境因素主要有工程技术环境、作业劳动环境、地理环境和气候环境等。造成本案例不锈钢管焊接变形过大的主要因素是人和施工

方法。

3. 质量预控方案一般包括工序名称、可能出现的质量问题、提出质量预控措施等三部分内容。

4. 压力管道施工中项目部的做法不正确，明显违反了规范要求。首先项目部应进行该材料的焊接工艺评定，确定焊接方法及技术参数，试件经试验合格后方可用于工程。其次应组织焊工到具有该项考试资格的考试机构进行焊工考试，取得该项合格证后，方可进行焊接作业。

案例二

1. A 公司对材料的储存与保管应采取下列措施：

   (1) 专人管理。实现对库房的专人管理，明确责任。

   (2) 建立台账。进库的材料要建立台账，账、物、卡、金额要相符。

   (3) 标识清楚。施工现场材料的放置要按平面布置图实施，做到标识清楚、摆放有序、码放合理，符合堆放保管制度；库区安全设施应完好，不存在安全隐患；库区环境应清洁、干燥、通风。

   (4) 安全防护。对于易燃、易爆、有毒、有害危险品储存要在远离人员密集区的专门库房存放，并设专人管理，制定安全操作规程并详细说明该物质的性质、使用注意事项、可能发生的伤害及应采取的救护措施，严格出、入库管理。

   (5) 分类存放。根据库存材料的物理化学性能进行科学分类，并分库或分区存放。库房内应设物资合格区、待验区、不合格区。

   (6) 定期盘点。仓库管理员对库存物资要定期盘点，根据盘点内容，做好盘点记录；库存物资应无超储积压、损坏变质，保证库存物资的完好。

2. 联合试运转及调试还应符合的要求：

   (1) 监测与控制系统的检验、调整与联动运行。

(2) 空调水系统的测定和调整。
(3) 室内空气参数的测定和调整。

3. 施工机具的选择主要按类型、主要性能参数、操作性能来进行,其选择原则是:
(1) 施工机具的类型,应满足施工部署中的机械设备供应计划和施工方案的需要。
(2) 施工机具的主要性能参数,要能满足工程需要和保证质量要求。
(3) 施工机具的操作性能,要适合工程的具体特点和使用场所的环境条件。
(4) 能兼顾施工企业近几年的技术进步和市场拓展的需要。
(5) 尽可能选择操作上安全、简单、可靠,品牌优良且同类设备同一型号的产品。
(6) 综合考虑机械设备的选择特性。

4. 智能化系统在选择产品时,还应考虑的因素:
(1) 应用实践以及供货渠道和供货周期。
(2) 产品支持的系统规模及监控距离。
(3) 产品的网络性能及标准化程度等信息。

案例三

1. 净化空调系统的检测和调整应在系统正常运行24h及以上,达到稳定后进行。

2. 项目部应对工程质量有严重影响的关键部位、关键工序设置质量控制点:洁净空调系统、高纯水管道、高纯氮气管道的清洗、密封的洁净度和连接的严密性;冷冻机、锅炉、冷却塔、水泵、空调箱、风机盘管和风机等关键设备的安装水平度和垂直度偏差;风管的连接,空调冷凝水管的坡度;空调风机盘管、风管、供回水管、冷凝水管的隐蔽工程安装;采用新型无机复合风管的制作和安装。

3. 一般情况下,原材料、半成品、成品的检验以专职检验人员为主,生产过程的各项作业的检验则以施工现场操作人员的自检、互检为主,专职检验人员巡回抽检为辅。成品质量必须进行终检认证。

4. 无损检测人员的级别分为Ⅰ级(初级)、Ⅱ级(中级)、Ⅲ级(高级)。其中:
(1) Ⅰ级人员可进行无损检测操作,记录检测数据,整理检测资料。
(2) Ⅱ级人员可根据无损检测工艺规程编制针对具体工件的无损检测操作指导书,按照规范、标准规定,评定检测结果,编制或者审核无损检测报告。
(3) Ⅲ级人员可根据标准编制和审核无损检测工艺,确定用于特定对象的特殊无损检测方法、技术和工艺规程,对无损检测结果进行分析、评定或者解释。
(4) 持证人员只能从事与其资格证级别、方法相对应的无损检测工作。

A公司派出的Ⅰ级无损检测人员只能进行无损检测操作,记录数据,整理检测资料,在评定检测结果、签发检测报告方面超出了其资质范围。

案例四

1. 承包商提出设计变更申请的变更程序:
(1) 承包商提出变更申请报监理单位审核。
(2) 监理工程师或总监理工程师审核技术是否可行、施工难易程度和工期是否增减,造价工程师核算造价影响,审核后报建设单位审批。
(3) 建设单位工程师报建设单位项目经理或总经理同意后,通知设计单位。设计单位工程师同意变更方案后,实施设计变更,提出变更图纸或变更说明。
(4) 建设单位将变更图纸或变更说明发至监理工程师,监理工程师发至施工单位。

2. (1) 关键工序的关键质量特性,如焊缝的无损检测,设备安装的水平度和垂直度偏差等。
(2) 施工中的薄弱环节或质量不稳定的工序,如焊条烘干、坡口处理等。
(3) 关键质量特性的关键因素,如管道安装的坡度、平行度的关键因素是施工人员,冬季焊接施工的焊接质量关键因素是环境温度等。

(4) 对后续工程（后续工序）施工质量或安全有重大影响的工序、部位或对象。

(5) 隐蔽工程。

3. 1.6mm 金属风管板材的拼接方式错误，厚度大于 1.5mm 的风管应采用电焊、氩弧焊等方法。

4. 错误之处：商场中厅 500kg 装饰灯具的悬吊装置按 750kg 做了过载试验，并记录为合格。正确做法：质量大于 10kg 的灯具的固定及悬吊装置应按灯具重量的 5 倍做恒定均布载荷强度试验，持续时间不得少于 15min。

模块三 合同与招投标管理

💡 **案例一**

1. 从专业承包工程的分类分析，A 公司在本工程中的专业承包工程可以有：防腐及保温专业承包工程、炉窑砌筑专业承包工程、工业给水排水专业承包工程、钢结构及非标准件制作安装专业承包工程，非关键和非主要的机电设备安装也可分包给具有相应资质的机械和电气专业承包公司，即有机械专业承包工程和电气自动化专业承包工程。

2. 未调研当地劳动力及其价格，材料供应情况及其价格，施工机具市场租赁情况及其价格。这将造成报价时因人工费、材料费、机械费的偏差过大而带来单价和总价偏差过大，给施工成本控制带来困难，造成该项目亏损，也可能在开标评标过程中因价格过高或过低被淘汰出局。

3. A 公司可以提出异议。

理由：招标人可以对已发出的资格预审文件或者招标文件进行必要的澄清或者修改。澄清或者修改的内容可能影响资格预审申请文件或者投标文件编制的，招标人应当在提交资格预审申请文件截止时间至少 3 日前，或者投标截止时间至少 15 日前，以书面形式通知所有获取资格预审文件或者招标文件的潜在投标人，不足 3 日或者 15 日的，招标人应当顺延提交资格预审申请文件或者投标文件的截止时间。该澄清或者修改的内容为招标文件的组成部分。

4. 影响设备安装精度的因素：设备基础、垫铁埋设、设备灌浆、地脚螺栓、测量误差、设备制造与装配、环境因素。

💡 **案例二**

1. 事件一中，A 公司可向业主索赔的工期和费用及索赔理由如下：

(1) 可索赔工期为 20 天，可索赔费用为 0。

理由：局部战乱属于不可抗力因素，工期可以索赔，费用不可索赔。

(2) 可索赔费用为 0。

理由：原材料涨价，按合同规定，工程价格不因材料价格变化而作调整，因此费用不可索赔。

(3) 可索赔费用为 0。

理由：美元贬值，按合同规定，工程价格不因汇率变化而作调整，因此费用不可索赔。

(4) 可索赔工期为 3 天，可索赔费用为 40 万美元。

理由：业主拖延进度款支付，发生工期和费用的损失，属于业主的责任。因此工期和费用均可索赔。

(5) 可索赔工期 5 天，可索赔费用为 0。

理由：百年一遇的大洪水为不可抗力因素，可索赔工期，费用不可索赔。

综上所述，A 公司可向业主索赔的工期：$20+3+5=28$（天）；索赔的费用：40 万美元。

2. 事件二中，为防止电气开关误动作，高压开关柜闭锁保护装置应"五防联锁"，即防止误合、误分断路器；防止带负荷分、合隔离开关；防止带电挂地线；防止带电合接地开关；防止误入带电间隔。

3. 事件三中，绿色施工要点还应包括的方面有：节材与材料资源利用、节水与水资源利用、节能与能源利用、节地与施工用地保护。

4. 事件四中，单机试运行结束后，还应及时完成的工作有：

(1) 断开电源及其他动力来源。

(2) 进行排气、排水或排污。

(3) 检查各连接紧固件，应无松动。

(4) 拆除临时管道及设备（或设施）。

(5) 低温机泵用水试运行结束后，进行干燥处理。

(6) 检查机器设备单机试运行系统各阀门开关，应在规定状态。

(7) 整理试运行的各项记录。

案例三

1. 可索赔的工期：10＋3＋5＝18（天）。

2. 可索赔的费用：10万元人民币。

3. 送达施工现场的不锈钢阀门应进行壳体的压力试验和密封试验。阀门的壳体试验压力应为阀门在20℃时最大允许工作压力的1.5倍，密封试验压力应为阀门在20℃时最大允许工作压力的1.1倍，试验持续时间不得少于5min。试验的水中氯离子含量不得超过25ppm。

4. 设备基础的位置、标高、几何尺寸测量检查主要包括基础的坐标位置，不同平面的标高，平面外形尺寸，凸台上平面外形尺寸和凹穴尺寸，平面的水平度，基础立面的铅垂度，预留孔洞的中心位置、深度和孔壁铅垂度，预埋板或其他预埋件的位置、标高等。

案例四

1. 上级主管部门否定建设单位指定A公司承包该工程的理由是：全部或者部分使用国有资金投资或者国家融资的项目按规定必须进行招标。

2. D公司的投标书属于无效标书。
   理由：未按规定加盖法定代表人印章。
   E公司的投标书属于无效标书。
   理由：未实质上响应招标文件。
   此次招标投标工作有效。
   理由：投标人未少于3家，也未发生违规违法行为。

3. 可以索赔的工期：10＋5＝15（天）。
   可以索赔的费用：15＋30＝45（万元）。

4. 焊缝表面不允许存在的缺陷包括裂纹、未焊透、未熔合、表面气孔、外露夹渣、未焊满。

模块四　安全与环境管理

案例一

1. 本工程存在的事故隐患：吊架安装作业，焊接作业，起重吊装作业。
   应急预案的分类有综合应急预案、专项应急预案、现场处置方案。

2. 分包单位选择的吊装运输专项方案属于危险性较大的工程，应当由总承包单位技术负责人及分包单位技术负责人共同审核签字并加盖单位公章。由总监理工程师审查签字、加盖执业印章后方可实施。

3. 流动式起重机吊装过程中，应重点监测以下部位的变化情况：
   (1) 吊点及吊索具受力。
   (2) 起升卷扬机及变幅卷扬机。
   (3) 超起系统工作区域。
   (4) 起重机吊装主要参数仪表显示变化情况（吊臂长度、工作半径、仰角、载荷及负载率等）。
   (5) 吊装安全距离。
   (6) 起重机水平度及地基变化情况等。

4. 分包人安全生产责任应包括：分包人对其所承担工作任务相关的安全工作负责，认真履行分包合同规定的安全生产责任；遵守承包人的相关安全生产制度，服从承包人的安全生产管理，及时向承包人报告伤亡事故并参与调查，处理善后事宜。

案例二

1. 本工程在安全管理方面存在的主要风险因素有：桥式起重机的轨道安装于18m高处，通风空调风管安装于24m高处，存在高空坠落风险；通风空调风管在现场制作，需要设备加工，存在机械伤害；桥式起重机需要吊装，存在吊装风险；动力电缆必须在变、配电房不停电的条件下与指定配电柜搭接，存在人员触电的危险；施工现场有多个临时用电点，存在工人触电的危险和引起火灾的危险；单机试车存在试运行风险。

2. 安全技术措施应根据上述风险逐项制定，即高空作业安全技术措施，机械操作安全技术措施，吊装作业安全技术措施，变、配电房施工安全技术措施，压力试验安全技术措施，临时用电安全技术措施，单机试车安全技术措施。

结论：施工单位项目部仅针对桥式起重机的吊装制定了较完善的施工方案和安全技术措施，还有其他各项安全技术措施没有制定，所以项目部安全技术措施的制定是不完善的。

3. A 公司选择 B 公司为分包队伍不当，是造成事故的主要原因。运输设备不能满足设备运输的需要；B 公司的人员素质不符合要求；B 公司的技术管理和安全管理极为薄弱，野蛮操作，不懂起码的规则，不具备承担设备运输的能力。A 公司对 B 公司的管理不到位，具体表现为：没有及时检查分包队伍的设备运输施工方案和安全技术交底记录，而 B 公司根本没有，A 公司也没及时令其整改；A 公司现场管理人员对分包队伍的管理不到位。

4.（1）安全技术交底必须按工种分部分项交底。施工条件发生变化时，应针对性地补充交底内容；冬雨期施工应有针对季节气候特点的安全技术交底。工程因故停工，复工时应重新进行安全技术交底。
（2）安全技术交底必须在工序施工前进行，并保证交底逐级下达到施工作业班组全体人员。
（3）项目部应保存安全技术交底记录并整理归档。

💡 案例三

1. 在安装前，B 公司将锅炉的安装情况书面告知当地的直辖市或设区的市级人民政府负责的特种设备安全监督管理部门。

2.（1）B 公司与 A 公司没有合同关系，他们都是与建设单位独立签订的施工合同，所以 B 公司无权向 A 公司提出索赔。
（2）锅炉是建设单位采购的，因采购的设备延迟供货，而且跟 B 公司有合同关系，故 B 公司应向建设单位提出索赔。

3. B 公司施工过程中存在的危险源有高空坠落、机械伤害、起重吊装、动用明火、密闭容器、带电调试、管道和容器的无损检测、压力试验、清洗吹扫、临时用电、试运行。

4. 建设单位申请消防验收应当提供下列材料：
（1）消防验收申报表。
（2）工程竣工验收报告。
（3）涉及消防的建设工程竣工图纸。

模块五 施工组织设计

💡 案例一

1. 项目部在验收水泵时，应认真核对水泵的流量、扬程、功率、效率、转速等技术参数。

2. 事件一中，项目部应填写设计变更申请单，交建设（监理）单位审核签字后，送原设计单位进行设计变更。

3. 事件二中，项目部可提供的施工记录资料有：图纸会审记录、设计变更单、隐蔽工程验收记录；定位放线记录；质量事故处理报告及记录；分项工程使用功能检测记录等。

4. 事件三中，电缆排管保护管孔径及坡度设置均有问题。
正确的是：保护管孔径应大于电缆外径的 1.5 倍；排管通向电缆井应有不小于 0.1% 的坡度。在电缆排管直线距离超过 50m 处、排管转弯处、分支处都要设置排管电缆井。

💡 案例二

1. 不正确。因为已批准的施工图纸是施工组织设计的重要编制依据之一，施工单位在未收到施工图纸的情况下编制施工组织设计是不正确的。

2. 在施工中一旦对原施工组织设计进行了修改，需要履行原审批手续后才能实施，而不能在项目总工程师批准后即行实施。施工单位对修改后的原施工组织设计履行的报批程序是不正确的。

正确的做法是：A施工单位完成内部编制、审核、审批程序后，由项目经理或其授权人签章后向监理报批。

3. 原工程设计出现了重大修改，造成项目工期有重大调整，施工资源配置也有重大调整，原施工组织设计无法实施，必须要进行修改和补充。可以重新编制施工组织设计，也可以在原施工组织设计的基础上修改、补充。业主的做法是正确的。

4. 对于工程施工，施工单位还应编制锅炉、汽轮发电机组大型设备起重吊装方案和焊接方案。工程施工前，施工方案的编制人员应向施工作业人员做施工方案的技术交底。除分部（分项）、专项工程的施工方案需进行技术交底外，新设备、新材料、新技术、新工艺即"四新"技术以及特殊环境、特种作业等也必须向施工作业人员交底。

案例三

1. 施工组织设计的内容包括：工程概况、施工部署、施工准备与资源配置计划、主要施工方案、施工现场平面布置及各项施工管理计划等。

2. 总承包单位在策划实施项目时，应注意与内部、外部的联系。

   （1）内部联系是指总承包单位内部各部门之间的联系，涉及总承包单位与分包单位之间，土建单位与安装单位之间，安装工程各专业之间。

   （2）外部联系环节有：总承包单位与建设单位之间；总承包单位与设计单位之间；总承包单位与设备制造厂之间；总承包单位与监理单位之间；总承包单位与质量、技术监督部门，市政部门，供电部门，消防部门之间。

3. 流动式起重机吊装前，对基础的处理：

   （1）流动式起重机必须在水平坚硬地面上进行吊装作业。吊车的工作位置（包括吊装站位置和行走路线）的地基应进行处理。

   （2）根据其地质情况或以测定的地面耐压力为依据，采用合适的方法（一般施工场地的土质地面可采用开挖、回填、夯实的方法）进行处理。

   （3）处理后的地面应做耐压力测试，地面耐压力应满足吊车对地基的要求，在复杂地基上吊装重型设备，应请专业人员对基础进行专门设计。

4. 流动式起重机的安装，在进行吊装方案交底时，应考虑：

   （1）工程施工前，施工方案的编制人员应向施工作业人员作施工方案的技术交底。

   （2）交底内容为该工程的施工程序和顺序、施工工艺、操作方法、要领、质量控制、安全措施、环境保护措施等。

案例四

1. 发电机穿转子的常用方法还有：滑道式方法、用后轴承座作平衡重量的方法、用两台跑车的方法等。

2. 施工方案编制内容包括工程概况、编制依据、施工安排、施工进度计划、施工准备与资源配置计划、施工方法及工艺要求、质量安全保证措施等内容。

3. 汽轮机主蒸汽管道应采用蒸汽吹扫。

   吹扫的技术要求和要点：

   （1）以大流量蒸汽进行吹扫，流速不小于30m/s，吹扫前先行暖管、及时疏水，检查管道热位移。

   （2）蒸汽吹扫应按加热→冷却→再加热的顺序循环进行，并采取每次吹扫一根，轮流吹扫的方法。

4. 安装公司项目部提交的施工技术文件还应补充图纸会审记录、设计交底记录、设计变更通知单、工程洽商记录、技术核定单等。

案例五

1. （1）根据背景资料，"安装公司施工方案齐全，临时设施通过验收，施工人员按计划进场，技术交底满足施工要求"，说明该公司在施工准备时，技术准备和现场准备做的比较充分，制定配置计划时，劳动力配置计划合理。

    （2）该项目在材料采购时因资金问题影响施工进度，说明资金准备和物资配置计划不合理，需要改进。

2. 监理工程师提出的整改要求正确。

    理由：风管板材拼接缝应错开，不得有十字形拼缝。

3. （1）所有环向、纵向对接焊缝和螺旋缝焊缝应进行100%射线检测或100%超声检测。

    其他焊缝（包括管道支承件与管道组成件连接的焊缝）应进行100%渗透检测或100%磁粉检测。

    （2）设计单位应进行管道系统的柔性分析。

4. 水压试验不符合规范要求之处：压力表只有1块，压力表安装位置错误。

    正确做法：压力表不得少于2块，应在加压系统的第一个阀门后（始端）和系统最高点（排气阀处、末端）各装1块压力表。

亲爱的读者：

如果您对本书有任何 感受、建议、纠错，都可以告诉我们。

我们会精益求精，为您提供更好的产品和服务。

祝您顺利通过考试！

扫码参与调查

环球网校建造师考试研究院